正常由誰定義？

撕下不正常標籤，
走向包容神經多樣性的未來

EMPIRE of NORMALITY

Neurodiversity and Capitalism

Robert Chapman

羅伯特．查普曼——著　聞翊均——譯

方舟文化

推薦序

重新審視資本主義下所謂的「正常」

朱家安
哲學作家

這個世界是人類打造的，理論上很有彈性，只要我們人類願意，幾乎所有規則、觀念和器物都可以調整。不過，當我們習慣了現實，往往會忘記這種彈性的存在。當我們感覺難以融入，我們會先懷疑是自己有問題，不會去思考是不是世界需要改變，當我們發現別人表現違和，我們會先怪罪他沒有管好自己，不會去思考是不是社會沒有為了他調整。身為七年級生，我自己就經歷過好幾次「本來以為理所當然，後來發現並非如此」的轉變，在國中時，我認為臺灣人應該都是中國人、同性戀不自然。我相信並非所有七年級生都是如此，但我也相信，若我早一點意識到上述觀念，在理解這個社會的過程上，可以少走許多彎路。

即便人會把人造的現實當成理所當然，當時為什麼我是理所當然地認為自己是中國人，而非臺灣人？這顯然跟當時政府支持的政治意識形態有關。這個世界不但是人打造的，而且打造者往往有其意圖。這個發現在社群時代特別重要，當我們花大把時間在網路上生產內容、跟不認識的人吵架，真正賺到錢的其實是平台方，而且它們不會介意為了繼續販賣我們的注意力，使用各種心理學手段把你留在線上。

當初，我們是為了跟人連結而使用社群網站，後來，我們逐漸開始為了平台方的利益進行網路互動，並且被讚數、分享數和陌生人的意見左右自己的生活，這似乎本末倒置。不幸的是，在當前社會這類情況並不少見。理論上，自由市場會讓資源移動到對的地方，以最有效率的方式滿足人類的需求，我們人類只要各自追逐自利，就能提升生活品質，產生多贏局面。但實際上，人們很快就發現，比起滿足其他人的需求，還不如替其他人製造需求。當奢侈品製造階級焦慮來賺錢、美容商品製造外貌焦慮來賺錢、社群平台促使你跟其他人打筆戰來賺錢，我們的生活品質是提升還是降低，開始變得不好說，我們追求的美好生活，多大程度真正是我們自己決定的，也開始變得不好說。

一開始我們為了過好生活而運行資本主義，但最後資本主義掌握了我們的生活，這些觀察可以整理成這三點：

1 這世界的規則和器物不見得是為了你我的好處打造的。

2 但我們往往不但不會反思和提防它們，反而容易將它們視為理所當然，並且為既有的秩序辯護。

3 最後，這些秩序會改變我們的觀念，以及我們對美好生活的想像。

這類狀況鋪天蓋地，並且對它們的警覺不容易舉一反三，就算你對政治意識形態教育有警覺，也不見得對社群平台的注意力經濟有警覺，要了解我們在某面向受到操弄或剝削，往往需要人替你調整視野角度，讓你能看出某些機制正在社會上運作。《正常由誰定義？》為我們做的正是這樣的工作，這本書討論的並不是我們如何成為愛國者、美容產品使用者或對網路成癮的人，而是我們如何接受好幾套把人區分成正常人和不正常人的標準，以及這些標準如何讓某些人獲得好處、讓另一些人落入困境。

在世襲貴族社會，出生決定一切，在資本主義社會，人有機會依靠努力翻身，這依然讓能順利工作的人和無法這樣做的人分成不同階級。而且，人需要怎樣的能力才能夠順利工作，一部分取決於社會背景。有才華的職人在維多利亞時代能成為卓越的鐘錶匠，但到了二十一世紀，卻不見得能適應鐘錶零件工廠相對枯燥重複的流水線工作。資本主義社會依照人的工作能力將人分級，照作者的看法，這也帶來了相當嚴格的「常態心智」標準，許多人被列為非常態，並不是因為他真的無法順利融入群體生活，而是因為他無法適應資本主義底下特定的工作模式。常態和非常態心智的劃分，除了帶來族群區隔和污名化，也帶來精神醫學產業。這意味著，常態和非常態之間界線的移動，不但會影響被劃分的人，也會影響相關工作者。在這裡，我們再度看到資本主義如何反過來掌握人的生活。

《正常由誰定義？》值得一讀，因為作者以精神醫學和神經多樣性為例，說明資本主義如何影響人對世界的理解，這些影響的範圍包山包海，這讓作者的思路不僅可應用於書中討論的領域，也可應用於其他許多領域。讀者閱讀書中論點後，若對資本主義對價值觀的影響感興趣，可以繼續閱讀政治哲學家桑德爾（Michael Sandel）討論功績主義的經典著作《成功的反思》，若好奇資本主義除了精神狀態之外，還把哪些東西變成了疾病，可以閱讀女性主義哲學家曼恩（Kate Manne）討論肥胖標準與污名化的《懼胖社會》，若想要知道人在觀念上把其他人分成了不同族群之後，會發生哪些事情，則可以參考法哲學家納思邦（Martha Nussbaum）討論歧視與情緒的重要作品《從噁心到同理》。

推薦序

「異常」是人類多樣性的自然展現

郭詔今 Kaitlyn Kuo
美國加州臨床心理師、國際心理健康講師

作為一位在美國加州執業的臨床心理師，我同時也是一位移民，這本《正常由誰定義？：撕下不正常標籤，走向包容神經多樣性的未來》深深觸動了我的心。身為一位移民心理師，我曾在自己的文化背景與臨床實務中，深刻感受到那種「被排擠」、「不被重視」、「不被視為正常」的隱性壓力；而在臨床工作中，也常看見自閉症、ADHD或其他神經多樣性者的掙扎：他們努力適應一個由「正常」主導的世界，卻往往被誤解、被忽視，甚至被貼上負面的標籤。

本書不僅挑戰了我們對「正常」的既定想像，更深刻反思了我們對「好」與「對」的定義。長久以來，許多心理學與醫學研究都以白人族群作為樣本，忽略了不同文化與背景的多樣性，甚至將差異視為「異常」。作者羅伯特·查普曼清楚地揭示了白人至上與優生學如何深植於資本主義體系，並透過科學與醫療機構延續了這種不平等的結構。這種洞悉讓人感到既震撼又真實，因為在臨床工作中，我經常看見許多移民者、少數族裔和神經多樣族群在醫療與教育體系中被偏頗的標準定義，進而遭到邊緣化。

閱讀本書的過程，對我而言有一種「被看見」與「被聽見」的感覺，也帶來了深刻的共鳴。作為一名提倡心理健康的心理師，我一直強調欣賞每一個不同神經運作模式的美麗與獨特性，而這本書提醒我們：「異常」並非缺陷，而是人類多樣性的自然展現。特別是書中從歷史、社會、經濟等多重角度分析「正常」與「異常」的建構過程，讓人不斷反思：我們是否也在無意間複製了那些壓迫與偏見？

當我想到那些努力在教育體制中生存的特殊孩子，那些在診間裡帶著焦慮的父母，那些為了適應社會而壓抑真實自我的年輕人，更讓我相信：這本書是他們以及我們所有專業人員都迫切需要的一本書。它不只是一個理論的挑戰，更是一個療癒的邀請。它邀請我們療癒那些被壓抑的多樣性，也療癒我們自己對「正常」的執念。

更重要的是，這本書讓我們看見，要真正解放神經多樣性，不只是醫療或教育的問題，而是整個社會結構的問題。只有當我們勇於挑戰既有的「常態」，願意翻轉被少數人主導的「正常」定義，我們才能為每個人——不論是神經典型還是神經多樣性——爭取真正的自由。

臺灣這幾年開始推廣多元文化的議題，我也真心期待，這本書能成為我們對於神經多樣性、種族和各方面包容性的開啟，幫助我們打破偏見，促進更深入的理解與接納。

這本書讓我感到充滿希望。它提醒了我們每個人都有力量打破那些不公平的結構，讓更多神經多樣性者以及所有被壓迫的群體，能在這個世界上找到自己的位置。

我真心期盼，這本書能成為臺灣讀者——無論是醫療工作者、教育工作者、家長，或是關心心理健康的人——的一道光，引領我們擁抱多樣性，挑戰偏見，共同創造一個更公平、更有人味的社會。

各界推薦

這本前所未有的著作，為神經多樣性的論述補上了非常重要的缺口，描繪了人類發明「常態」觀念的深遠歷史，而常態正是資本主義最具壓迫性的工具之一，同時本書也沒有屈從於「反精神醫學」運動的迷思。閱讀本書能讓你更透澈地觀察這個世界。

——史提夫・希伯曼（Steve Silberman），《自閉群像》（*NeuroTribes: The Legacy of Autism and the Future of Neurodiversity*）作者

《正常由誰定義？》認為神經多樣性的基進政治主張，應該把重心放在針對資本主義的對抗。查普曼解釋了這麼做，不只對神經多樣性族群來說是必要的，對資源分配的合理性來說也是必要的。他的想法引人深思、具有挑戰性又充滿說服力。

——海爾・史潘德勒（Hel Spandler），《精神病院：基進心理健康雜誌》（*Asylum: The Radical Mental Health Magazine*）編輯

本書令人著迷，作者做了無比詳盡的研究，這是我們邁向新社會典範的關鍵一步。查普曼揭露了令人窒礙難行的常態已限制了我們的潛能，並指出一條道路，引領我們通往更美好、更有創意的未來。

——尼克・沃克（Nick Walker），《神經酷兒異論》（*Neuroqueer Heresies*）作者

這本至關重要的著作，點燃了馬克思主義式神經多樣性革命的火焰。查普曼大膽地向我們提出挑戰，要我們想像一個不受神經基準性壓迫的自由世界，若要解放無行為能力者、精神失常者與神經多樣性人士，最核心的行動是瓦解資本主義——他以反資本主義的明確態度，開創出通往神經多樣性的嶄新途徑。

——碧翠絲・艾德勒－波頓（Beatrice Adler-Bolton），《健康共產主義》（*Health Communism*）共同作者，Podcast「死亡陪審團」（Death Panel）共同主持人

這是一本能產生立即影響的開創性著作，《正常由誰定義？》肩負重大責任，為神經多樣性打造出一套條理分明的基進馬克思主義觀念。查普曼以傑出的批判性手法，匯集了哲學、科學與行動主義在不同時代的各種浪潮，形塑出一種嶄新的思維政治態度，超越了名為自由權利的各種隱性階級意識，引領我們走向解放的未來。

——米迦・弗雷澤－卡羅（Micha Frazer-Carroll），《瘋狂世界》（*Mad World*）作者

Contents

獻給愛麗絲

前言

前往神經多樣性的未來

在本書中，我以「神經多樣性理論」（neurodiversity theory）的觀點重新解釋過去，如此一來，我們才能用更正確的方式度過當下。畢竟，歷史之所以重要，不只是因為我們能藉由歷史理解已發生的事，更因為歷史也提供了工具，幫助我們找到現今的規律模式、陷阱和機會。有時候，歷史可以幫助我們想像出嶄新的世界。更特別的價值是，歷史能協助我們看清，我們要如何把「新世界」轉變成現實。本書一邊回頭眺望過去，一邊奮力向未來前進，希望有機會抵達新世界。本書運用歷史協助讀者發展出新的見解，讓我們共同努力前往神經多樣性的世界，獲得真正自由的未來。

雖然這是一本學術著作，但它也具有個人色彩與政治色彩。我的神經多樣性與精神疾病經驗，不可避免地形塑了我的思維，隨著這些經驗而來的污名化與歧視也影響了我的想法。同樣的道理，我從小成長在貧困的家庭環境，有時無家可歸，而後在英國接受寄養照顧，這些人生經歷，也對我的觀點和我做出的承諾造成了深遠的影響。另一個同等重要的因素是在我成年之後，有很長一段時間生活在資本主義的持續危機中，而就業的不穩定與住房的不安定性影響了我的心理健康狀況。由於這些經歷與許許多多其他原因，我開始看到社會對神經多樣性的壓迫和資本主義的弊端，與這兩件事息息相關的是，其他與資本主義同時發展出來的主導系統，這些系統和資本主義密不可分。

我在社會上的位置也限制了我的立場。我是英國出生的白人。本書大致上聚焦在歐洲與北美的背景脈絡，也就是我最有資格發表評論的脈絡。某種程度上來說，這麼做合情合理，畢竟神經多樣性運動主要源自於北方國家，而此運動所抵制的制度與思維，也同樣源自北方國家[1]。不過，到了現在，這項運動抵制的制度與思維，已經在許多地區造成了深遠的影響，南半球也包括在內。正如我將會在本書中闡明的**「常態人、常態思想、常態心態」這種概念，與殖民主義、帝國主義以及白人至上主義是休戚相關的**。我會努力突顯出它們之間的顯著關聯，然而，讀者可能會覺得我的分析，和那些生活在後福特主義式的高科技經濟體中的人有更加直接的關聯。「常態」與其他背景脈絡的相關程度取決於許多因素。我希望我的論述至少可以建立基礎，打造或突顯出不同的分析方法，讓我們在不同的背景脈絡下應用不同的知識。

除了上述需要讀者留意的地方，我撰寫本書的目標是從廣義的馬克思觀點為基礎，針對神經多樣性的歷史、理論與政治發展出一套更基進的分析。本書首先以物質主義的角度去詮釋神經多樣性失能的歷史，詮釋我們對於「常態」（normality）和「無行為能力」（disability）的理解。我的目標是把這些詮釋放在「優勢系統彼此緊密連結」的更廣泛脈絡中，並把主要論述集中在資本主義上。雖然在我看來，這個問題的起源遠遠早於二十世紀中期，不過二十世紀中期的問題發展格外明顯，當時資本主義已發展達一定的階段，無論每個人距離理想的神經典型（neurotypical）是近是遠，神

1 譯註：Global North，指的是經濟發達的已開發國家，與之相對的是「南方國家」（Global South）。

經學的優勢地位，都漸漸透過異化[2]和消除行為能力滲透了整個社會。從另一個重要的層面來說，我想藉由本書指出，資本主義的優勢地位正不斷趨向「神經基準性」（neuronormative），遠超過資本主義原本推動的程度。我們會在此看到資本主義的優勢地位擴張與隨之出現的神經基準性嚴格標準之間，是有對立張力的。

在解釋這段歷史時，我希望讀者知道的一件事是：我們之所以會發展成現況，並不是出於自然因素，而是出於具體的歷史與經濟環境。我也希望能藉由解釋歷史讓讀者理解，人們的觀念不是非如此不可，希望讀者意識到我們若把神經多樣性的理論和行動，都放在更廣泛的反資本主義鬥爭中，就有機會改變現況。我的目標不是提供一套完整的政治策略，我認為政治策略需要集結眾人的力量，而現在的我們才剛做好準備而已。我的目標其實是幫助讀者意識到神經多樣性的過往歷史，如此一來，我們才能共同努力，發展出可行性更高的策略。因此，本書的第一個目標就是揭露一段遭人隱瞞的過去。第二個目標則是抓住未來的可能性。儘管我們無法完全理解那樣的未來，但光是試著實踐這個可能性就至關重要。

2 譯註：alienation，指資本主義的僱傭勞動過程會使得一個人逐漸對勞動環境、工作、產品、人際關係產生疏離感，並變得難以實現自我。

引言

神經多樣性使我得到自由

打從我出生以來，我的生命就是由神經多樣性和經濟困難所組成的。我的第一段記憶是在一九九〇年代初期的倫敦。我對我們家居住的社會住宅最鮮明的印象，就是酗酒父親的憤恨咆哮與怒火。另一個印象則是心神不寧的母親，她淚流滿面地向我道別，沒有說何時才會回來。儘管我也有一些比較快樂的回憶，但家庭生活很辛苦。由於我們一直以來都很貧困，也不屬於任何較大的社群，所以我對於改善家庭狀況不懷抱任何希望。

我對學校的印象則稍好一些，但操場的人大多都是不斷指指點點和嘲笑我的霸凌者。不只是因為我很窮，又穿著俗氣的二手衣物，也因為我性格怪異又不愛說話，尚未發展出避開霸凌者所需的流暢社交能力。我也因為持續不斷的感官處理問題，在學習上遇到許多困難。我對課堂的主要記憶是為了聽清楚老師的聲音而奮力面對感官的過度轟炸。就算我付出了這麼多努力，卻仍然連最基本的日常事務都無法掌控。學校老師很快就認定我只是個不聰明的懶惰鬼。隨著時間流逝，他們不再試著幫助我，而我也吸收了他們對我的負面印象。

我在許久之後才知道這些問題的醫學名稱，更重要的是，我不是唯一遇到這些問題的人。舉例來說，我過去在家庭成員身上看到的成癮症狀和憂鬱情緒，其實是相對常見的心理健康問題。我也意識到我在感官處理和社交理解方面的問題和自閉症有關，美國的自閉症在一九九八至二〇一八年期間增加了七八七％。[1] 我同樣注意到，我在人生早期的心理創傷經歷，往往會導致一般人所謂的「複雜性創傷後壓力症候群」（Complex Post-Traumatic Stress Disorder，簡稱CPTSD）。總體來說，我發現美國人民在過去幾十年來，有關焦慮症[2]與憂鬱症[3]的經歷正持續不斷增加。經濟弱勢階級和邊緣群體遇到這些問題的風險比其他人高很多。[4] 這些知識在後來幫助我逐漸認識到，我的問題其實並不只是我個人的問題，我經歷的是更加社會系統性的問題，這些問題也以相似的方式影響了很多人。

如今回想起來，這些經歷都幫助我更加理解神經多樣性，但幼年時期與青少年時期的我對此一無所知。我很清楚社會大眾覺得我和「正常人」不一樣。但我因為太過羞愧而不敢去研究這種不一樣是什麼，也不敢思考這種不一樣或許不是件壞事。我當時的經歷充滿了混亂、焦慮和絕望的感受。後來我被困在貧窮階級，和自我疏離，也和周遭的世界疏離，使我的心理健康狀態惡化得更糟。除了持續的焦慮感和絕望感之外，我還罹患了飲食失調，出現侵入性思維（intrusive thoughts），最後開始想著要自殺。人生糟糕到我再也無法承受，似乎沒有其他能逃脫的方法了。

生命往往會在跌到谷底時開始往好的方向發展。而我的谷底是二〇〇五年，當時我十五歲。那時我已經離開學校，露宿街頭一段時間了。我放棄了這個令我失望的世界後，一開始決定要開創出屬於自己的道路，而我最主要的方式是為當地毒販銷售大麻。然而，無家可歸是一件非常艱難、危險又孤獨的事。等到氣溫下降到可能會下雪時，我終於意識到我是沒辦法生存下去的。我沒有其他地方可去，覺得自己被徹底擊潰，最後在某個寒冷的冬天早上前往當地政府的議會辦公室求助。我解釋了自己的處境，詢問他們能否提供幫助。他們和社會工作團隊召開緊急會議，決定要立刻讓我使用寄養服務。他們很快就在一個小鄉村找到了能收養我的家庭，距離我曾去過最遠的地方好幾英里。

一切就此開始改變。首先，我被送進了一棟美麗的古老鄉間別墅，那棟房子看起來就像是來自童話故事。接著，我的新家人、一隻白貓和一隻黑狗全都熱烈歡迎我的到來。我在這樣的背景下，第一次體會到單純的鼓勵、愛與支持。雖然這種轉變對我來說並不容易，而我的身心障礙和創傷仍帶來許多問題，但我很快就成了這個家的一份子。

打從這時候開始，舊的可能性逐漸消失，嶄新的道路在我眼前鋪展開來。這裡的學校功課很少，小村莊也沒有太多事好做，我如饑似渴地開始閱讀，也開始考慮未來有哪些選擇。這是我第一次考慮要不要念大學，我很訝異地發現，在中產階級的家庭中，念大學似乎是件很普通的事。我在接下來的幾年裡接觸了各種學科，並因為這個世界的混沌與雜亂無章而受到哲學的吸引。我希望在分析了各種概念和社會理論後，能比較容易理解這個怪異又混沌的世界，更懂得如何生存。我想理解生命以及我所遇到的所有問題，如此一來，我才能學著過上比我父母更好的生活。

不過，我最後又多花了七年，才找到我在尋找的答案。這時的我一邊研究哲學，一邊在工廠值夜班，當時已經得到了我等待已久的自閉症診斷。值得慶幸的是，我截至此刻學到的許多事物，確實幫助我理解了過去的部分經歷。其中最值得注意的是馬克思（Karl Marx）和後來的批判理論傳統思想，我藉此更加理解英國階級制度內和更全面的資本主義下出現的經濟支配地位，之後我們會再回過頭來討論這部分。我還閱讀了很多心理健康的理論、科學和政治討論，試著理解我過去遇到的各種痛苦經歷。然而，雖然這些內容在一定程度上幫助了我，但沒有任何論述能完全符合我出生以來，經歷的各種複雜又混亂的無行為能力徵狀，而正是這些徵狀建構了我的人生。

雖然自閉症診斷對我很有幫助，但也有許多關於診斷的內容使我憂心。依據主流醫學論述，我因為罹患了自閉症，所以是個悲慘、破碎、需要被修復的人。這種論述強化了我在就學後不斷接收到的訊息，也就是我這個人天生就出了問題。另一方面，在反精神醫學（anti-psychiatry）的傳統思想中，針對精神病診斷較常見的批判則指出：自閉症與憂鬱症這一類的症狀只是虛幻的「標籤」，而不是真正的醫學疾病。對他們來說，像我這樣的人並不是真的失去了部分行為能力，只是遇到了很普通的日常問題罷了。這兩種觀點互相對立，其中一項讓人對無行為能力感到羞愧，另一項則否認了無行為能力的存在，兩者都無法提供幫助。這就是為什麼我會注意到神經多樣性運動，神經多樣性提供了截然不同的分析方式，使我獲得自由。我正是因此才會開始撰寫這本書。

發現神經多樣性

一九九〇年代，神經多樣性運動開始出現在自閉症的社運團體中，那時我還是個孩子，正在努力適應學校。當時社會普遍認為自閉症是一種個人的悲劇疾病，病人沒有能力過上健全的生活。人們認為，自閉症者和病患家人的唯一希望，是在未來透過行為制約或生物醫學的介入治療來治癒這個病症。

然而，到了一九九三年左右，越來越多人接觸到個人電腦和網路，這是自閉症者第一次有辦法透過網路建立連結。自閉症者彼此認識後，對於相關症狀的認知在短時間內大幅提高，他們開始質疑社會大眾對於自閉症的主流理解。這些自閉症社會運動的先驅者聚在一起，很快便意識到他們遇到的問題全都很類似，其中也包括我當時才剛開始留意到的各種生活問題。他們逐漸開始討論，或許他們會經歷這些相似的問題，主要並不是因為他們的大腦損壞了，而是因為這個社會無法順應他們在神經方面的不同之處。他們因而開始探討《紐約時報》（*New York Times*）在一九九七年一篇報導中描述的「神經多元論」（neurological pluralism）。這種論述強調了「非典型人士」的行為和處事方式，需要這個社會接受並提供支持，而不是被建構成一種需要被控制、診療和治癒的醫學疾病。

神經多樣性（neurodiversity）正是出自於此，當時首位把這個概念記錄下來的是社會學系的學生茱蒂．辛格（Judy Singer）。神經多樣性的基本概念是：**我們不應該把「正常」大腦和「神經典型」視為理想狀態，而應該以看待生物多樣性的觀點看待心智運作**。以這種觀點來說，一個社會需要各種類型的心智才能順利運作，因此我們不應該預先認為「常態」勝過「歧異」。取而代之的是，我們應該認為社會中有各式各樣的心智，不同環境會使得各種心智變得具有行為能力或失去行為能力，沒有任何一種心智狀態天生就比其他的更優越。以我親身經歷過的各種感官問題為例，我們可以認為這一類問題的成因在於，學校、工作場所與公共空間在設計時，都是以神經典型人士為主要考量。更廣泛地來說，從這個觀點來看，我們可以用社會邊緣化與社會歧視的脈絡，理解自閉症者的許多痛苦經歷——例如我在學校受到霸凌。

為了解決這種問題，辛格與其他社運人士呼籲社會應進行新的「神經多樣性政治」（politics of neurological diversity）。對他們來說，神經多樣性政治是新社會運動的一部分，他們會在推動此運動時以早期的民權運動為模板，而那些民權運動的訴求是終結國內外在種族、性別與性這三方面的隔離與壓迫。他們希望這個嶄新的神經多樣性運動，能替神經異常人士和神經障礙人士爭取應有的權利，藉此幫助這些人減輕生命中的困難。他們希望能以推動神經多樣性發展的方式重新設計這個世界，結束全球各地對神經多樣性價值的壓迫。

他們呼籲社會大眾注意神經多樣性政治，此舉產生了巨大的影響，聚集了許多支持這個目標的新倡議者。雖然這項運動早期大多聚焦在自閉症上，不過其他領域的人很快就開始應用各種源於自閉研究領域的架構和詞彙。第一批使用的是同屬發展障礙的群體，例如注意力不足過動症（Attention Deficit Hyperactivity Disorder，簡稱ADHD）和運動障礙症（Dyspraxia）。接下來，其他被診斷為病患的人（例如雙極性障礙者與邊緣人格障礙者）也開始應用神經多樣性的框架，更不用說那些沒有獲得正式醫學診斷的人了。

二〇〇〇年代早期，卡西安・阿薩蘇馬蘇（Kassiane Asasumasu）創造了「神經多樣者」（neurodivergent）這個詞彙，我們可以藉此得知自閉症框架的延伸應用程度。對她來說，只要一個人的神經功能被視為「不同於典型」[5]，就是神經多樣者，無論這個人的差異是因為社會無法順應多樣性，或癲癇症等醫療診斷而導致的障礙，都一樣是神經多樣者。阿薩蘇馬蘇寫道：我們尤其可以把這個概念「視為一種包容的工具」，所有神經非典型人士都能夠應用。儘管這種延伸應用使人們開始質疑神經多樣性框架的範圍和界線，但這種延伸之所以重要，是因為它能幫助更多人進入神經多樣性的標籤之下。同時，正如史帝夫・格拉比（Steve Graby）[6]觀察到的，反精神醫學的擁護者強調，他們和肢體障礙者不一樣，他們認為精神病患者並不是真正的障礙者；而神經多樣性的觀點則全然接受精神病患者的障礙者身分，並且強調心理障礙和生理障礙之間的相似性，允許社會發展出應用更廣泛、包容性更高的政治信念，神經多樣性的支持者也跨越了身體被醫療化[1]的人與精神被醫療化的人之間的分立。

隨著這項運動的成長，神經多樣性理論也有了進一步的發展與適應。對我來說，其中最值得注意的是名為尼克・沃克的自閉症年輕學者在二〇一一年指出，若要解放神經多樣性，不只是患者需要取得權利，這個社會也需要在科學與文化方面進行大規模的「典範轉移」。這種轉移會帶領我們遠離主流的「病理學典範」，沃克認為這種典範是依照精神正常者的極度受限標準定義出來的，這種定義本身就會把精神多樣性病理化與污名化。沃克呼籲眾人留意病理學典範，並指出這種典範鞏固了精神醫學和心理學的研究與醫療，也鞏固了普羅大眾對神經多樣的刻板反應。

她認為神經多樣性的支持者必須建立「神經多樣性典範」，包容並接納人們在認知與情緒方面更大幅度的差異。這種可能性不只為無數神經多樣者帶來希望，同時也提出了一種理想，讓人們可以一起努力。這個理想讓身為哲學家的我迅速投身其中，因為我知道這種典範轉移不但需要科學、臨床與文化方面的實踐，也需要更基礎的理論研究。

我在二〇一二年初次接觸到這個觀點，那時沃克的關鍵著作已經出版一年了。我在閱讀了辛格、沃克和其他倡導者的著作後，看到了一條截然不同的道路，既不是病理學典範的框架，也不是反精神醫學的否認主義。這條道路允許我徹底認清我有身心障礙的現實，同時又幫助我逐漸意識到，這些建構了我人生的障礙具有一種政治本質。舉例來說，我開始透過神經多樣性的觀點去思考，我從小到大經歷的障礙是不是這個奉行神經基準性的社會加諸在我身上的。我逐漸意識到，自我出生開始，這個僵化且極為侷限的神經基準性社會就在阻礙我的學習、我的發展和我的成功機會。我也開始意識到，我的創傷和心理疾病不只源自於相對的貧困和父母的忽視，也源自於這個打從結構性歧視障礙人士的世界。對我和許許多多人來說，這些精確的理解帶來了自由，讓我能夠用嶄新的態度看待人生。

同樣重要的是，這個觀點也幫助我和其他障礙人士與慢性疾病人士變得團結一致，甚至發展出身為障礙人士的自豪感。總體來說，這些知識幫助我對抗孤立、政治慣性和羞愧，也幫助我和許多人逐漸找到出路。突然之間，神經多樣性者似乎只要同心協力，就能改變這個世界——讓這個世界更加包容神經異常人士和神經障礙人士。我們獲得了過去看似不可能實現的希望。因此，我在神經多樣性運動迅速發展的年代投身於這個運動，當時沒有任何人預料到，這個運動會以何種方式發展

1 譯註：medicalised，把問題界定為醫療問題並當成疾病處置。

到多大的程度。

自由主義的極限

神經多樣性運動從二〇一二年開始成長，此運動的多數行動主義者依循一套以自由主義和權利為基礎的架構，聚焦在從內部開始逐漸改革現行體制。同時，人們也一直在同心協力地努力克服病理學典範。在我參與運動的期間，我為這兩類行動付出了很多時間和精力。我先是運用部落格和宣導活動，接著開始運用博士研究，在那之後，我就一直在學術圈進行倡議、教學和研究。然而，雖然我知道神經多樣性的觀點很實用，我也為了發展自己的觀點而努力做出許多貢獻，但我也開始注意到，神經多樣性在分析、活動和倡議方面的主導方法沒辦法讓我感到滿意。

不可否認地，我確實親眼見證了這種自由主義方法如何在短時間內取得重大進展。由於支持神經多樣性的行動主義者持續施壓，導致越來越多研究引用神經多樣性理論，人們開始較少污名化神經多樣性，而我們設計這個世界的方式也開始出現了類似的改變。簡單舉幾個英國的例子：超市和電影院往往設有自閉症友善時段，更多機場為神經多樣性孩童建造了感官室，教室和工作場所付出更多努力去配合新的權利法規，創造出更包容的環境。

不過，隨著時間的推移，我逐漸意識到，儘管這種以自由主義和權利為基礎的神經多樣性行動主義非常成功，但同時也存在著很大的限制。我們可以謹慎思考下列事實：雖然我們多年來一直共同努力，不過大多數的研究、政策和醫療行為仍以病理學典範為主。即使在論及自閉症時——也就是神經多樣性運動進展最快的領域——最廣泛應用的「療法」仍是應用行為分析（Applied Behaviour Analysis）。這種療法利用懲罰與獎勵系統，把自閉症兒童變得更「正常」。儘管神經多樣性的倡議者提出了無數批評，認為這種療法是一種虐待，屬於扭轉治療[2]，但是這個價值數十億英鎊的跨國治療產業仍繼續成長，只對批評者做出了輕微的讓步。

同時，原本使用舊式醫療化典範的許多專家開始重塑形象，說自己是「神經多樣性」專家，但治療方法卻沒有任何明顯變化。精神科醫師、心理醫師和政治家開始使用神經多樣性運動的詞彙（他們時常錯誤使用這些詞），在實作方面做出表面的改變，但完全不去改變病理學典範的理論邏輯。神經多樣性的行動主義者把這種借鑑方法稱為「精簡版神經多樣性」（neurodiversity-lite），指的是這些人雖然改變了口語表達，但卻沒有挑戰主流典範和政治秩序。不過，從這些精簡版神經多樣性支持者如今掌握的權力地位看來，他們往往能獲得最大的發展機會，甚至被視為神經多樣性方法中的楷模。

除此之外，無論神經多樣者獲得了多少權利和認可，那些歧視神經多樣者並使他們失去行為能力的社會權力機構仍然沒有改變。以下僅舉幾個可能相關的例子做說明：英國大約有四分之一的監獄囚犯仍罹患ＡＤＨＤ；[7]智能障礙者通常會在教育和工作場所被隔離；據稱丹麥是全球最幸福的

2 譯註：conversion therapy，過去曾應用在同性戀身上的治療，目的是把同性戀變成異性戀。

國家，但丹麥的自閉症者自殺死亡率，仍比普羅大眾高出三倍左右。[8]

這些全都不「自然」。我認為這些現象源自社會權利中更複雜也更深層的關係、結構和常態。因此，儘管神經多樣者在權利和口語表達方面獲得實際進步，但很明顯地，這項運動仍遠遠還沒有達成長期目標，也就是透過更廣泛的典範轉移來解放神經多樣者。雖然自由改革主義確實幫助了一些神經多樣者，但受到幫助的主要是在其他方面具有相對優勢的人——白人、中產階級等；而在多個層面受到邊緣化的神經多樣者，則受困於監禁體制、無家可歸，或其他令人難以忍受的狀況中。這些現象使我提出了以下疑問：要怎麼做才能真正解放神經多樣者？為什麼權利和認可的增加沒有帶來真正的解放？還有，病理學典範到底從何而來？為什麼它會占據這麼優勢的地位？病理學典範和更廣泛的經濟因素和社會運作系統因素之間有何關聯？我逐漸意識到，經濟與體制都和病理學典範有很深的關聯。

我對病理學典範的起源進行了歷史研究，因而更加確定問題位於更深層的位置，具體來說，病理學典範牽扯到了潛在的社會、科技與經濟方面的因素。由於自由主義行動有太多次的失敗都和宏觀經濟因素有關，所以我轉而開始使用不同的框架來理解病理學典範的運作方式。我回到了更老、更基進的傳統觀點，強調的是政治經濟在社會優勢地位中扮演的角色。這就是馬克思主義式的傳統觀點，與大多數神經多樣性倡議者的自由主義政治立場相反。

這個傳統觀點對我來說並不新鮮。考慮到我在年輕時貧困又無家可歸的經歷，更不用說成年後遇到的低薪、就業不穩定、住房不安定和各種狀況，所以我在許久之前，就覺得馬克思對於階級統治的分析令我眼睛為之一亮。自從馬克思的時代以來，人們已經發展出許多應用馬克思主義的新方法了，同樣的道理，我認為馬克思主義也可以用於發展神經多樣性的類似分析。這能幫助我們把神經多樣性遭受的壓迫放在更廣泛的經濟體制中來看待，這種經濟體制在過去數個世紀一直在全球占據優勢地位。理解這一點後，我們就能進一步發展出神經多樣性的政治策略，積極對抗這種壓迫。

我在一開始執行這個計畫時遭遇許多困難，其中一個重要原因是：馬克思主義的許多基本觀念，都不同於自由主義式的神經多樣性標準方法。我也不喜歡馬克思主義的多數心理健康分析，原因在於這些分析都立基於反精神醫學的傳統，在我看來，這是反對進步又過時的傳統。不過，我不只檢視馬克思的觀點，也研究了廣義馬克思主義傳統中的許多後繼學者，我拼湊出這種心理健康分析的全貌，並發現這種分析方法對神經多樣者所遭受的壓迫與無行為能力化提供了非常深入的理解，比我過去看過的任何觀點還要更深入。最後，我開始把這種分析方法視為「神經多樣性馬克思主義」（Neurodivergent Marxism）。我認為這個分析方法與自由主義式神經多樣性以及正統馬克思主義都截然不同，同時這個方法也對後兩者提出了挑戰。

神經多樣性和馬克思主義

依據我的理解，若要清楚說明神經多樣性馬克思主義的話，先稍微講解馬克思如何批判資本主義的優勢地位會對我的說明有幫助。本質上來說，馬克思的批判是從馬克思對「歷史的」與「辯證的」物質主義所提出的理論發展而成。[9] 此理論指出，我們的意識、思想與感知，都受到當代的宏觀物質環境與經濟環境的嚴格限制。在能動力個體（agency）與歷史力量彼此衝突並創造出矛盾的狀況下，此理論試著在這些矛盾中找出改變未來的路徑。用馬克思的話來說：「人類能創造自己的歷史，但他們不是按照自己喜歡的方式創造歷史；他們創造歷史的環境並不是他們自己選擇的，這些環境是過去直接讓他們遇到、給予他們、傳送給他們的。」[10] 最重要的是，正是這種看待歷史的方式，讓馬克思得以發展出他對於資本主義的歷史分析。

馬克思生活在十九世紀，當時英國正迅速工業化，他認為在資本主義這種制度中，只有小部分人口擁有生產的條件，大部分人口則只能提供生產力，而資本主義者可以從僱傭勞動中萃取額外價值。英國過去的支配地位與不平等，源自國王和領主等階級，掌握了比較直接、比較暴力的政治權力，在資本主義這個新體制中，嚴格來說，勞動者的主要壓迫是來自經濟關係。資本主義在經濟關係中把人類分成各種新的階級——最顯而易見的是「資產階級」、「勞動者」和「失業剩餘人口」——在更廣泛的全球系統中，以客觀的物質關係和地位進行分類。

他對資本主義進行歷史分析後，認為相較於人類過往使用的經濟系統，資本主義會帶來一些特殊的好處與問題。一方面來說，資本主義的好處包括推動人們終止封建時代較殘暴的壓迫，並帶來科技進步和更高的生產力，這可能會為社會整體帶來很多益處。但馬克思也認為，資本主義從本質上來說會帶來衝突，進而導致根深柢固的不平等和持續的經濟危機。

以我們的理解目標而言，最重要的一項矛盾或許源自他對異化的理解。在馬克思看來，人類本質上是一種社會性的動物，我們運用創作的潛力執行藝術與革新的相關計畫，並使用「生產力」（productive force）把世界變得更適合居住。更具體地說，雖然我們沒有固定的「人性」，但人類這個物種在製作工具、建造房屋、種植農作物、繪畫、編寫音樂等能力上，是相對獨一無二的，這些能力幫助我們發展、興盛、茁壯。[11] 這點對馬克思來說很重要，他認為，如果我們必須使用創造力和生產力，不是為了我們的個人或集體利益，而是為了讓他人獲利的話，那麼我們的自由和發展潛力就會在擴展的同時受到抑制。雖然異化一直以來都存在於社會中，但資本主義通常會帶來更長的工作時數、更詳細的勞動分工，以及比封建時代更容易使人勞累的單調工作，而馬克思覺得這個新體制將會加深異化。這種異化來自我們的創造潛力，來自用勞動製造的產品，隨著資本主義的勢力範圍與能力不斷擴張，到了最後，這種異化將會來自每一個人，使彼此在生活的每一個方面距離越來越遠。

有鑑於此，馬克思認為，雖然資本主義確實帶來了更高的生產效力，甚至包括醫學科技和醫療支持的生產效力，卻在更深層的意義上傷害了我們的生理健康與心理健康。這是因為在資本主義中，大部分人口都是幾乎無法控制未來的勞動者。這個體制以高效能的方式迫使我們不斷使用生產力，導致我們的身心靈衰弱，遭到資本主義的奴役，只為了賺進足以維生的收入。在這種狀況下，即使資本主義能帶來許多好處，但人們卻變得更難維持健康。

從這個觀點來看，馬克思認為資本主義的關鍵矛盾在於，資本主義的經濟能力會帶來「沉默的強制性」（mute compulsion），在這種強制性下，財富是由多數人集體製造出來的，這些人被迫出售僱傭勞動，同時遭到剝削和異化。儘管這種財富是多數人付出代價後取得的，卻只會被少數人私自占用。馬克思覺得這種矛盾帶來的衝突，終有一天會使資本主義邁向終結，讓新成形的社會變得更自由、更平等。他希望在這個新社會中，能看見原本深植於現今社會階級中的分裂成為歷史過去式。

儘管馬克思出生於兩個多世紀之前的一八一八年，不過這個分析方法的核心至今仍同樣重要。這是因為雖然部分地區在部分時期的生活水準提高了，但不斷惡化的危機仍持續衝擊全球經濟，不平等仍深植社會中。正如我的自身經歷所證明的，如今在最富裕的多個國家中，仍有許多人的生活相對貧困，此外，一項近期研究指出，自一九九五年以來，全球最富有的一%有錢人所累積的財產，幾乎是後面五〇%貧困者的二十倍。[12]

此處很重要的一點是，馬克思的分析自一八八三年他逝世以後，經歷了多次更新和擴展，針對他早期研究的正統解讀也受到質疑。其中最值得注意的是，有些人對馬克思主義提出了粗糙又扭曲的解讀，用來合理化史達林式極權主義，而馬克思主義人文主義者[13]和法蘭克福學派的批判理論者[14]則對此提出強烈質疑，他們強調馬克思追求的是更自由的社會，而不是由國家控制的社會。而後，傳統非裔基進派（Black Radical）的學者指出：主要的種族主義和殖民主義都是來自資本主義這個全球體制，[15]女性主義學術圈開始研究資本主義如何從女性身上持續榨取無薪的情緒勞動與生產力勞動；[16]障礙者的研究學者則探討資本主義如何使我們失去行為能力、並加深對障礙者的歧視；[17]環境學家與社運人士則不斷強調資本主義如何破壞地球環境，若不阻止的話，全人類將會就此滅亡。[18]馬克思的分析方法原本聚焦在歐洲的白人男性勞動者身上，而上述的嶄新論述則更新與補充了馬克思的分析。

神經多樣性馬克思主義也同樣是在更新馬克思主義傳統。雖然我的理解根植於較廣義的馬克思傳統，也是從這個角度進行理論的合成，但又從馬克思主義的角度提出了神經多樣性的政治，也是第一個從這個角度描述神經多樣性歷史的人，所以我的論述超越了馬克思主義的傳統。我的理論描述了病理學典範的興起與運作模式，為什麼和各式團體與族群的既得利益有密切相關，更重要的是，為什麼和資本主義的基礎邏輯有緊密的關聯。因此，我會先解釋現今的科學與文化對於神經障礙與神經常態的理解，是如何隨著特定的經濟狀況、權力關係以及意識形態背景一起緊密成長。接著介紹的是病理學典範的唯物主義歷史，我會追溯這個概念如何在資本主義發展的過程中產生，又是如何反過來使資本主義正不斷變化的物質關係逐漸被合理化與接納。

我會在過程中一併澄清，為什麼資本主義會在過去十年來越來越強烈地偏向神經基準性，以及這種轉變是如何發生的。雖然所有的社會和經濟體系，都有一套標準去判定哪些心理功能是可接受或有價值的——而且心理疾病與心理障礙永遠都會存在——但我認為資本主義採用的標準比其他生產模式還要嚴苛。從這個觀點來看，神經多樣者被剝奪行為能力以及遭遇到的壓迫，應該被視為特定系統的特徵，而非系統的瑕疵。由於病理學典範是範圍較大的經濟體系導致的產物，所以若我們想克服病理學典範，需要的遠不只是要革新我們對神經多樣性的思考方式，還需要改變更深層的社會結構。而現有的神經多樣性理論中，往往沒有清楚描述該如何做出改變。

物質主義的分析有助於解釋神經基準的嚴格標準，與此同時，對於異化的新分析，則能讓我們理解過去數十年來不斷增加的心理健康問題。我尤其擔心在神經典型者之中，也同樣不斷增加的憂鬱症、焦慮症與創傷症候群。雖然馬克思在工業化的英國所描述的異化至今仍然存在，但我認為隨著資本主義的程度增強，我們經歷的異化也改變了。說得更明確一點，在當代，付出認知、專注力與情感的勞動者，比馬克思時代付出體力的勞動者還要更多，而我們身為消費者與公民的需求也一直受到限制：我們應該擁有「正確的慾望」。正如我們接下來會讀到的，這些發展都使神經基準性的標準變得更嚴格，因而增加了障礙者的數量，甚至連過去被認為正常的神經基準者，都因此出現越來越多心理健康問題。

這代表的是，如今的社會階級比十九世紀更容易流動，新形態的優勢和社會階級之間的關係逐漸下降，小到了一定程度，現在和新形態優勢比較有關聯的是每個人在資本主義中的新認知層次。當然了，我提出這一點不是為了使階級優勢的現有重要性下降，更不用說其他交叉因素的重要性了。我提出這一點是為了指出：即使傳統形態的優勢確實下降到一定程度了，但這種傳統優勢，其實也只是被不斷加強的神經基準優勢取代罷了。因此，對我來說，資本主義的另一個矛盾之處在於，即使階級流動性已經增加到了一定程度，還是會有其他類型的優勢以同樣的方法出現在資本主義中，而如今出現的優勢和神經多樣性有關。我認為這種矛盾正隨著資本主義的擴張而不斷加劇，而二十一世紀的巨大矛盾正是競爭的關鍵點，或許也是自由解放的關鍵點。

常態帝國

本書開創先河，在闡述資本主義的歷史時把核心焦點放在神經多樣性，而非階級。雖然我採用交叉方法考慮了階級、種族、性別、性傾向和身體障礙，不過我因為把焦點放在神經多樣性，所以能清楚追蹤我稱作「常態帝國」的現象是如何出現的。**常態帝國指的是從資本主義制度中出現的機制，包括物質關係、社會實踐、科學研究計畫、官僚體系、經濟強制性和行政程序**，這些機制在資本主義制度發展到一定階段之後就會出現。相較於過去出現的各個社會，這些機制使得人們對於身體、認知與情緒的正常範圍採取了更受限的觀點。同時，這種帝國式的框架也突顯了神經多樣性壓迫、殖民主義與帝國主義之間的關聯。我們因而能夠藉此研究神經多樣性的政治發展前景，這種前景也同樣能幫助我們達到集體的自由解放。

從另一個角度來看，我提供的並不是全面的歷史，而是聚焦於謹慎選擇關鍵思想家，把他們放在更宏觀的物質背景中。我這麼做的目的，不是使他們重新成為「偉大的」（或不怎麼偉大的）人物，而是要描繪出物質因素如何對病理學典範思維的發展造成重大影響，而引導這些影響的是具體化的資本力量關係與階級制度，我會格外關注某些關鍵時刻的發展。我們因此得以理解，物質和意識形態一直以來都在互相影響並互相加強，這些相互作用甚至會因為是社會定位為「幫助科學進步的人」的研究而實現，可以說這些人發揮了特別大的影響力。

考慮到這一點，我會先介紹在古希臘被稱為「希波克拉底學派」（Hippocratic）的醫師們提出的研究，以及世界各地的古醫學。他們往往認為健康是一種和諧或平衡，無論在個人體內或是在個人與環境之間都是如此。我們將會讀到，隨著資本主義的崛起，這種健康的觀點也消失了，主要是因為資本主義強調競爭力與勞工生產力。這種新經濟體系使得人類被重新定義為機器，而我將透過哲學家笛卡兒（René Descartes）的思想來探討這種定義。接著，「正常基準」（normality）的概念出現了，人們利用此概念重新想像健康和能力的本質。我接著會指出，社會開始使用這種方式區分階級與控制人口，雖然這麼做確實帶來科學進步，但也帶來了越加嚴重的壓迫。隨著時間推移，正常基準的想法深植於我們的集體意識，它變得永恆又看似客觀，隱藏了它的物質性起源和歷史偶然性。

在這樣的背景下，我認為病理學典範有很大一部分可以追溯至一位怪異的先驅科學家法蘭西斯・高爾頓（Francis Galton）的研究——高爾頓是查爾斯・達爾文（Charles Darwin）的同輩遠親，達爾文正是在當代以優生學和各種科學創新而聞名的那位科學家。以我們的目標來說，高爾頓在十九世紀晚期引進的事物中，最重要的是比較認知和測量生物學的創新方法，這兩者以達爾文的階級系統為基礎，歸化了工業資本主義的認知階級，以及社會地位、種族與性別的階級。對高爾頓來說，這個新方法的重點在於規範與強化社會對人口的常態化和控制，這一點如今已變成了科學領域的合法目標。這個發展的其中一個影響，是人們把「常態基準、生產率和健康」的概念全都交錯合併在一起。

我在本書的其中一個關鍵論述指出，後來埃米爾・克雷佩林（Emil Kraepelin）等著名的精神科醫師，以及其他心理學、心理測量和生物醫學方面的研究，全都積極地接納並拓展這種典範。因此，我在追溯高爾頓的影響時，也介紹了更宏觀的優生學意識形態如何變成文化霸權，而高爾頓的研究模式，則同時引導科學知識產物的理論、研究方法和結果，藉此推動資本主義逐漸實現。因此，我認為在精神醫學與相關領域使用的當代主流科學典範是由高爾頓創造的，而不是許多精神科歷史中常認為的克雷佩林。

意識形態的偏誤，源自於資本主義和帝國制英國的物質關係，接下來我們會看到，直至今日，這些偏誤一直都在透過高爾頓的典範，引導有關神經多樣性的科學知識產出、社會大眾理解、政策與臨床醫療行為。即使舊帝國秩序的其他重要層面已瓦解，但神經多樣性的概念仍沒有改變。正是這種以科學、行政、文化和法律的強制性所組成的新機制，創造出了常態帝國。在大英帝國崩解後許久，帝國的許多階級與權力關係仍透過這些新機制持續維持、重現與擴張，這些新機制不但存活了下來，更隨著資本主義持續擴張，變成更加強大的霸權。因此，關鍵問題不單是病理學典範，還包括資本主義邏輯和病理學典範如何彼此強化，使得神經多樣性沒有機會解放。唯有改變深層體制，才能使神經多樣性獲得自由。

我的目標不是針對政策提出建議或制訂政治策略。我的目標是幫助讀者清楚瞭解根本的問題，我認為這個問題比病理學典範更深、更古老也更狡猾。釐清這個問題只是第一步，我們還需要花更多時間一起努力，才能繼續和常態帝國戰鬥，所謂的**常態帝國，就是病理學典範背後的支撐力，也是維持病理學典範的必要機制**。我們必須理解這種典範和這種宏觀機制的相互關係，以及這種典範和資本主義生產模式的基礎配置之間的相互關係，唯有如此，我們才能清楚瞭解我們得怎麼做，才能達到神經多樣性的自由解放。

值得強調的是，我也因為目前的政治狀態而寫下一些具有急迫性的內容。在過去幾年間，隨著神經多樣性的行動主義快速成長，我們不但看到神經多樣性倡議者使用的詞彙、概念與建議，開始出現在臨床醫師和政治家的口中（他們利用神經多樣性來維持現狀），也會看到新出現的各種多樣性包容顧問多不勝數，他們收取越來越多錢和企業協商合作，而後企業便開始把神經多樣者視為一種新資源，可以在開採後獲得生產率。我們可以在這時注意到，我所謂的「神經柴契爾主義」（neuro-Thatcherism）正在興起，資本主義甚至徹底反轉了那些想抵抗資本主義有害影響的行動，把那些行動轉變成新機會，將利潤與生產率最大化。在這種情況下，儘管新行動似乎正逐漸獲得越來越多的權力，但事實上，這種新行動的解放潛力正逐漸消失。

在我們逐漸邁向二十世紀末的同時，反精神醫學運動又再次流行了起來。反精神醫學運動的傳統思想和我的分析相反，這種思想認為核心問題在於精神醫學本身，與精神醫學相信的「心理疾病」概念。這個論點源自右派自由主義者湯瑪士・薩茲（Thomas Szasz），儘管並非所有反精神醫學的醫師都支持這個論點，但這或許是能替代主流精神醫學的各個論點中最有影響力的一種。

最重要的是，雖然我的分析可能在表面上看來和薩茲有許多重疊之處，但我徹底否定他們認為自閉症、ADHD等狀態並不是「真正」障礙的概念。我也強烈否定薩茲流派認為心理疾病是一種「迷思」（myth）的說法。儘管我對主流精神醫學典範的基礎和影響力確實有許多批評，不過我批評的重點在於：人們是如何把健康的概念與基準常態以及生產率混為一談，還有在資本主義的物質關係中，障礙與疾病如何出現具體的成長。這並不代表我拒絕承認心理疾病或障礙等狀態。正如我們將會在本書看到的，事實上，我認為反精神醫學是問題的一部分，而不是解決之道。這是因為，儘管反精神醫學和病理學典範在表面上看起來截然不同，但事實上，反精神醫學並沒有抵制病理學典範的邏輯與基準常態的大範圍機制，反而加強了它們。

相對地，我在探尋神經多樣性運動的崛起時，用馬克思主義的方法綜合了重要的神經多樣性理論學家茱蒂·辛格和尼克·沃克的研究。這件事至關重要，我因而得以清楚說明人們尚未釐清的資本主義衝突，展現了神經柴契爾主義的徒勞無功。在這之中最重要的是，無論我們和神經典型的距離是遠是近，我們都越來越接近神經基準常態的雙重束縛[3]，每個人都因此陷入更艱難的困境中。在人類這個物種中，許多目前無法應用的神經認知多樣性都受到無能力化、剝奪價值與歧視；而能夠被使用的那些多樣性則受到殘忍的剝削，導致健康狀態不佳。我認為，無論是哪種精神認知狀態的人，他的心靈和自我都會因為資本主義製造出來的精神階級而逐漸疏離。繼續這樣下去，我們將會陷入「所有人都生病」或「全都成為障礙人士」的狀況，又或者至少陷入「多數人都難以維持身心健康」的狀況。根據這個觀點，壓迫神經多樣者的並不是神經典型者，而是資本主義者的優勢地

3 譯註：double-bind，葛列格里·貝特森（Gregory Bateson）提出，指的是在溝通時，其中一人所講的話具有相互矛盾的意義，另一人無論怎麼反應都會被否定或拒絕。

位，從某種意義上來說，這種優勢地位會同時創造並傷害神經典型者和神經多樣者，只不過每個人被創造與傷害的方式，會因為自身距離基準常態的遠近而有些微不同。

正如先前說過的，我希望能指出的其中一個觀點是，儘管資本主義社會允許社會階級出現一定程度的流動性，但這並不代表優勢地位徹底消失了，優勢地位只是稍微偏向神經多樣性罷了。我認為，這打破了資本主義的最後一個承諾，也就是幫助我們實踐菁英領導制度（meritocracy），在這種制度下，自由個體的價值取決於美德與工作的努力程度，而非取決於繼承的地位。

菁英領導制度在國家層面與全球層面上都沒有實現，國家中的社會階級仍大幅限制了個人的經濟狀況，而北方國家的有錢人，依靠的正是南方國家中相對貧困的人。除此之外，我認為即使資本主義確實帶來了有限的進步，使社會階級的流動性增加，但相對於資本日益增加的認知需求，我們也只是把比較傳統形態的地位優勢，轉換成神經典型的地位優勢罷了。因此，在資本主義之下，自由解放的機會非常有限，而且這種自由解放只是依據我們的階級位置，給予不同形式的地位優勢與異化。我認為這個世界正是因此需要更基進的神經多樣性政治，直接反抗常態帝國。

第1章
機器的崛起

Rise of the machines

資本主義帶來的不只是新型機械，
還帶來了「人造的」轉型，
使「人類變成只為超量生產而存在的機械」。

在我們的歷史流變中，最重要的部分發生在十九世紀初期，不過，若我們能從更宏觀的視角去描述，並提供更大範圍的背景脈絡的話，會更有幫助。最重要的是，這段期間發生的事攸關封建制度如何在轉變成資本主義的過程中，徹底改變了人們對「健康」這個概念的理解。

本章首先會簡單介紹古希臘和其他古文化如何把健康視為一種身心和諧的形態，這種概念至少維持到十七世紀。接著我們要介紹法國哲學家笛卡兒，在我看來，他的研究象徵了啟蒙時代的人對身體與健康的想法出現的整體改變。對笛卡兒來說，身體已經被重新定義成機器了。在這種觀點中，健康的關鍵不再是和諧，而是「能否正常工作」這種機械主義式的問題。最後，我會討論資本主義與工業革命的崛起。我會在本章指出，讓多數人把身體重新定義成機器，絕不是一種必然的科學發展，這種重新定義，會使得人們對資本主義帶來的新階級制度逐漸接納和合理化。本章簡單描繪了資本主義如何帶來嶄新的概念與相關的健康科學，幫助我們奠定基礎，迎接後面章節的病理學典範崛起。

健康就是和諧

希波克拉底的時代是古希臘城邦的古典時期，當時發生了許多著名的戰鬥，偉大的詩人寫下史詩，蘇格拉底（Socrates）在雅典（Athens）市集和同胞高談闊論。由於當時的醫學知識十分基礎，所以慢性疾病與身心障礙者皆和其他人共同生活，古典時期沒有往後人類社會中的系統性身心障礙隔離。舉例來說，考古學證據顯示神廟設有斜坡，能協助行動障礙者進入。[1]儘管如此，那時仍有針對身心障礙者的歧視，在古希臘的時空背景下最值得注意的是，當時人們大多認為疾病是神的懲罰——有時則是神的禮物。這種有關身心障礙的「道德模式」至少可以追溯到古埃及，那時由巫醫負責進行治療，他們會驅逐邪靈，進行基本的醫藥治療。

希波克拉底在西元前四百六十年左右出生於土耳其海岸的科斯島（Island of Kos）。第一個教他的是父親赫拉克利德（Heraclides），父親是一位醫師。希波克拉底學會了赫拉克利德傳授的所有知識後，開始四處旅行，學習更多醫學知識。雖然我們對於他的旅行與後半生所知甚少，但我們可以從同個時代的柏拉圖（Plato）那裡知道，希波克拉底最後回到科斯島，在當時就以行醫與教學而聞名。[2]

我們如今所知的《希波克拉底醫書》（*Hippocratic Corpus*）是由多份文本組成。這些文章是由希波克拉底與他的追隨者撰寫的。我們可以藉由這份文本明確理解希波克拉底傳統思想對後世的影響。當時的社會大眾傳統上是透過宗教觀點看待疾病的，而希波克拉底學派則是從自然主義理解疾病，將之視為生理與心理的問題。他們還開創了觀察和記錄的新方法，開發複雜的診斷系統來解釋和治療疾病。

隨著時間過去，希波克拉底學派的研究者有了治療傷口感染的能力，理解了營養的重要性，也研發出重要的手術工具和治療方法。希波克拉底的文章寫道，他們把大腦視為「瘋狂、妄想、害怕和驚恐的源頭」。[3]他們在論及精神疾病時，清楚區分了狂躁、憂鬱、精神錯亂和癲癇，這種區分法和二〇〇〇年代後的早期精神科醫師所提出的研究相差無幾。[4]我們在這個年代看到人們首次對特定神經疾病有了認知，不再把它們視為調皮或憤怒的神祇施加在人類身上的瘋癲。

然而，希波克拉底學派與當代醫學的相似之處僅只於此。兩者最重要的區別在於，他們對健康的理解完全不同於後代的發展。在當代社會，身心障礙與失調必定會連結到統計與醫療方面的「基準常態」（normality）概念。然而，古代其實沒有這種觀念。雖然畢達哥拉斯學派（Pythagoreans）在希波克拉底出生前不久，發展出算術「平均數」（mean）的概念，但這個概念非常抽象。正如西蒙・雷珀（Simon Raper）所寫的：「雖然畢達哥拉斯學派在音樂和比例上提到算術平均數，也提到了幾何平均數與調和平均數，但並沒有建議人們用這些方法來總結資料數據。」[5]因此，「常態」運作的概念——或者更具體來說，常態心率、常態肺容量、常態身高、常態認知能力等——對古代醫師來說是前所未聞的想法。

古代醫師對疾病的定義是身體的和諧與平衡遭到破壞。希波克拉底學派認為，要有健康的平衡，重點在於血液、黏液、黃膽汁和黑膽汁這四種主要體液（humour）。正如歷史學家安德魯・史考爾（Andrew Scull）對此做出的總結：「每個人都是由四種基本要素組成，這些元素會為了奪取優勢而互相競爭」，因而導致四要素在平衡與不平衡之間變換。[6]如果它們處於平衡狀態，身體就是健康的，若出現不同的不平衡狀態，則會導致不同的疾病。

希波克拉底學派也認為，個人與環境之間的關係也會影響健康的和諧。舉例來說，季節會影響各種體液是否容易占據優勢，因此不同季節會有不同的疾病。同樣的道理，他們也指出人體的神經功能運作，可能會受到天氣改變等環境因素的影響。例如希波克拉底學派的其中一篇文章所說：南風可以放鬆大腦及腦中的血管，北風則會使大腦的特定部位僵化，而不同的大腦部位會影響不同的認知功能。[7]如果有人生病了，他們會認為這代表體液不平衡或個人與環境之間不和諧，並使用不同形式的不平衡來解釋不同的疾病。

雖然我們的焦點在西方的健康觀念，不過應該特別注意到，全球各地的傳統醫療理念中都曾出現過平衡生理和心理的健康概念，包括印度的阿育吠陀傳統醫學、古中國醫學、古埃及醫學和印加文化的口述醫學傳統。[8]不可否認，這些傳統各自都有一系列複雜又細微的差異，也沒有使用希波克拉底的「體液」概念。不過，這些傳統醫學和許多其他醫療方法都認為，某種意義上來說，健康取決於某種形式的和諧或平衡。這種平衡可能是在個體的體內，也可能是在個人和環境或個人和社群之間。正如艾歷薩斯・麥克勞德（Alexus McLeod）做出的總結，中國古代的孔子認為：「如果我們處在充滿惡意又糟糕的不健康社群中，我們的信仰、情緒、期望和態度（還有其他方面）都會嚴重失調。」[9]

因此，在全球各地的古代社會中，**生病不代表這個人出現了機械式異常，而是這個人在自我、他人與環境之間失去了平衡**。而且，這樣的傳統並不是只有古代社會才有，而是一直延續到非常近代。舉例來說，體液論在古羅馬因為蓋倫（Galen）的研究而繼續發展，在伊斯蘭黃金時期因為伊本・西那（Ibn Sina）而持續流傳，一直沿用到中世紀的歐洲。世界各地的古老平衡思想也同樣一直延續至近代。在世界各地，健康與和諧、疾病和失衡之間的基本均衡關係都一直保持著優勢地位，直到殖民主義、啟蒙運動和最關鍵的資本主義崛起為止。

身體是機械

某方面來說，人們對健康產生新的理解轉變，和「基準常態」這個新觀念是有關聯的，我們會在下一章回過頭討論這部分。不過，這種轉變也涉及到人們「把身體視為機械」的新觀點。雖然在更早的時代已經有過相關的隱喻，但法國哲學家笛卡兒在十七世紀提出的機器譬喻，是最完整且最令人印象深刻的。笛卡兒於一五九六年出生於法國，長大後前往歐洲各處旅行和學習，他在建立自身觀點時正好就是啟蒙運動剛崛起的年代。在這段時期，人們重新聚焦於理性和觀察，打破了傳統教條，而後在歐洲的哲學、科學和技術方面取得巨大進步。

雖然笛卡兒很早就表現出對醫學的興趣，但多數只是以當時的醫學知識為基礎進行研究，直到他的女兒法蘭辛（Francine）在五歲去世後，他才走出了屬於自己的開創性道路。法蘭辛在一六四〇年因猩紅熱逝世，笛卡兒大受打擊。似乎正是這場悲劇讓他轉而投入更加普世的研究主題，例如靈魂的本質與身體的運作。法蘭辛的不幸死亡，很可能影響了笛卡兒在現代最廣為人知的思想，他認為身與心之間具有非常鮮明的二元對立性，就算機械般的身體退化了，甚至死亡了，心靈仍可以繼續存在。

在法蘭辛去世後不久，笛卡兒在荷蘭寫下了一六四一年出版的書《沉思錄》（*Meditations*），描述了他對身體的理解。特別值得一提的是，他在身體和機器之間提出了令人難忘的數個類比。舉例來說，他把健康的身體比喻成精心製作的時鐘，病體則是損壞的時鐘。他也把特定的身體部位和特定的機器與設備拿來做比喻，例如眼睛和望遠鏡。他寫道，如此一來，我們終將可以把「人類的身體視為一種由骨骼、神經、肌肉、血管、血液和皮膚組成的機器」。[10] 儘管他對心靈的看法更加抽象，也比較接近靈魂能夠永生的概念，不過他認為身體是個能夠以客觀方式徹底觀看與研究的事物。

笛卡兒在提出這個觀點時否定了以下傳統觀點：身體是動態有機物，是由彼此競爭的體液組成，其狀態總是和不同的環境有關。取而代之的是，笛卡兒認為身體是一臺由小型機械零件組成的複雜機器，這些零件會為了維持身體健康而一起運作。因此，一個人的身體特定部位或整副身體的功能若不是正常運作，就是出現損壞，只要找到知識與資源足夠充分的人，就能夠修復這些功能——就像笛卡兒那個年代的傑出工匠可以製作與修復鐘錶等機器一樣。

這種想像的基進之處在於，我們會因此希望人類能在未來的某一天有能力修復任何的身體部位，這和法蘭辛死亡時笛卡兒無法治癒她的經歷恰好相反。如今回過頭看，我們會發現笛卡兒的希望並非沒有事實根據。在如今這個時代，使用抗生素就能輕而易舉地治療猩紅熱，笛卡兒年代的許多致命疾病，也都能在當代獲得妥善治療。由此可知，身體機械論在醫學的崛起，確實拯救了無數人免於經歷笛卡兒曾遭受的失親悲慟。

然而，由於在笛卡兒的年代，多數人都具有較高的宗教傾向，所以笛卡兒的理論被視為誇張到令人不敢置信。他寫下這些觀點時，大多數醫師仍在使用傳統的體液論。當時的醫學思想與醫療行為，已經和占據優勢地位的基督教信仰系統密不可分了。醫師在行醫時通常會依賴星座的占星學分析，來解釋特定疾病或選擇治療方法。這些醫師認為，醫學界的新科學方法不僅會威脅到他們的醫療權威，更會威脅到他們的宗教世界觀。事實上，在一六四三年，也就是《沉思錄》出版的兩年後，笛卡兒的哲學觀念被判定為異教思想，他因而被迫逃離法國。

笛卡兒沒能在有生之年看到社會大眾接受身體是機械的論點。他在一六五〇年去世，據說是被瑞典的一位天主教神父用砷下了毒。[11]不出所料，在接下來的一個世紀內，笛卡兒的觀點仍受到相對邊緣化。但到了十九世紀初，社會大眾越來越難否認，體液論不但已經過時了，而且還常被用來合理化各種怪異又毫無幫助的療法。舉例來說，在十八世紀早期，水蛭治療法再次興起，醫師會讓水蛭吸食患者的血液，藉此恢復體液平衡。事實上，直到一八五〇年代早期，曼徹斯特皇家醫院（Manchester Royal Infirmary）每年使用的水蛭數量仍高達五萬隻，無視這種療法根本無法為病患帶來益處。[12]

將身體視為機械的論點則有了相反的發展，此觀念在十九世紀下半逐漸占據主導地位，為現代醫學的興起鋪出了一條平坦道路。現代醫學推動了人類知識開始發展，不但認識了身體的解剖學與功能，也更加瞭解微生物、細菌、病毒等其他知識。由此可知，笛卡兒對身體的看法，間接推動了醫療科學界的革命。

雖然把個體比喻成機械的觀點轉變，使我們在各方面學到更深入的知識，但這種觀點轉變並不是科學進步必然會帶來的後果。正如科學界使用過的其他比喻，它同樣只是歷史脈絡、意識形態與技術背景之下的階段性產物罷了。為了理解這一點，我們接下來要講到法蘭辛去世時，已開始廣為流傳的物質因素與社會因素——其中最重要的就是資本主義經濟體制的崛起。

資本主義的勝利

人們之所以會在十九世紀改變態度，從極度反對變成敞開心胸接受「身體是機械」的類比，很可能是因為封建社會正度過商業資本主義，轉變為工業資本主義社會。在笛卡兒與同代者忙著把身體與心靈寫成理論時，社會已經出現了劇烈的變化。跨國統治和跨國商業一直在迅速成長，即將發展成一套嶄新的世界體制。這種發展將會扭轉人們原本對笛卡兒觀點的否定態度，在資本主義建構的世界中，社會大眾開始普遍接受了笛卡兒的類比。

為了更加理解這段過程，且讓我們從封建制度開始。封建制度是一種經濟體制，蓬勃發展的年代大約是九世紀至十五世紀。歐洲的封建制度始於羅馬帝國的滅亡。羅馬帝國的成長非常依賴奴隸制度，但到了四世紀，由於不斷有奴隸起義反抗，領主被迫把自己的土地交給曾是奴隸的人，讓他們能與家人一起生活。但同時，獲得自由的農業勞動者也越來越需要當地領主的保護，不過他們得向領主宣示效忠才能獲得庇護。雖然當時仍有奴隸存在，但有越來越多自由勞動者與獲得自由的奴隸，都變成了農民和農奴。一般來說，他們擁有自己的土地，可以在那裡生活和工作，也可以進入

「共有」的森林、草原和湖泊，條件是他們也必須繳稅給領主以換取保護。

在歐洲之外的其他地區，許多複雜的經濟體制也都建立了封建關係，並使用前工業時代的生產方法，只不過這些體制的詳細規定和歐洲不同。例如非洲各地都有採用複雜封建制度的各種組織，他們的體制基礎是生產大蕉、牛和各式各樣的產品。儘管這些地方和歐洲在宗教與文化方面有極大的差異，但在體制方面卻和歐洲封建制度有許多相似之處。中國也曾有過封建制度，該制度在明朝開始衰退，而後導致了更大規模的官僚制度與中央集權。

在這種經濟體系中，人口較少，產出量較低。多數人在家中或自己的土地工作，生產量只比生存所需還要多出一點點。他們通常會以家庭為合作單位，工作生產的目標是自給自足，不會設下截止日期和需要生產的配額。在這種狀況下，人們比較容易在日常生活中順應障礙者與慢性疾病者的身心情況。接納的原因不只是醫療技術有限或醫院很少，當時的醫院往往只是漢生病（leprosy，或稱痲瘋病）患者的庇護所。人們容易接納他們的原因是工作場所的節奏較慢、安排較彈性且自主性較高。相較於工業革命後的勞動者，早期這些農民工時較短，休息時間較長。此外，由於各個家庭和社群常會在家中工作，或以家庭和社群作為工作單位，所以可以使用更靈活的分工方式。

這一點在論及身心障礙時非常重要，因為這代表更多種類的身心障礙者可以被納入——而且時常是必須被納入——整體家庭工作單位或社群中。舉例來說，耳聾或失明的祖母或許仍能編織或烹飪，有認知障礙的人可以在田野勞動或在製造業幫忙，而行動障礙者則仍可以在家工作。概括而言，在這個時期，由於多數人工作時往往和當地社群合作，也會配合季節，所以他們認為個體與這些因素之間能達到和諧，就代表健康，也是合乎道理的。這種和諧也包括了社群和諧，因此，相較於工業時代，這個時代必須接受的各種個體運作方式更加廣泛。

這一切都隨著資本主義的崛起開始改變。經濟制度往資本主義的轉變，有一部分是從封建制度的財產概念中產生的，而後隨著貿易往全球化市場發展，資本主義逐漸確立了地位。在這段時期，各個國家為了徵稅，越來越需要量化人民的數量和他們的資產，在農民和領主之間產生了多次衝突後尤其如此，這些衝突讓更多農民得以擁有自己的土地，並能夠種植自己的食物。以歐洲為例，在十三世紀的黑死病消滅了多達三分之一的人口後，勞工也就得以要求更好的工作條件，也經常為了要求這些條件而群起反抗。隨著時間的推移，部分領主開始透過銷售產品獲得極高的利潤，累積能夠用來再投資的財富。

大約在十六世紀，從義大利到中國的世界各地，都出現了貿易量增長與新的市場經濟制度。勞工的專業化程度逐漸增加，不只使生產量上升，也使得人口大量增加。另一方面來說，生產量和人口的增加，需要國家提供更嚴謹的測量方式和量化方式，隨著人口數量成長，國家開始正式登記姓氏，收穫和利潤也有了標準測量方式可以評估。越來越多人正式採用與身心能力相關的階級分類方式，使得貧困者的價值也出現了「值得」與「不值得」的差別。舉例來說，一六〇一年的《伊莉莎白濟貧法》（Elizabethan Poor Law）指出：教區應該提供「金錢」來救濟「跛行者、無能力者、老年人或盲人」，並安排其他具有行為能力的貧窮者去工作。[13]

歐洲各地的歐洲人從十二世紀開始殖民非洲部分地區，而後殖民美洲，藉此進一步推動了新經濟關係。歐洲人在之前已經發展出早期對愛爾蘭人與斯拉夫人的種族觀念，在殖民時運用這種觀念，合理化他們對黑人與印地安人的種族滅絕和奴役。[14]這導致了新一波的奴隸貿易，遠比羅馬時代還要殘酷得多。一整套更大的全球資本主義制度由此開始發展，歐洲國家、商人和探險家相互爭奪著殖民、謀殺、奴役世界各地不同社群，並與這些社群交易。而後，工業革命便在這個脈絡下發生了，這樣的環境使笛卡兒的思想終於開始被廣泛接受。

用來生產的身體

歐洲有了嶄新的力量與持續的商業成長，得以發展創新的科學與科技。值得注意的是，在笛卡兒把身體類比成機械時，歐洲已經有數個工廠在開發自動機械了，技巧純熟的勞動者在工廠中開發出昂貴的自動操作機器。根據一個故事所述：笛卡兒在女兒去世後，「總是心神不寧，手邊擁有一個替代法蘭辛的人偶發條裝置——一個會走路、會說話的偽物。」[15]雖然早期的自動機械可能啟發了笛卡兒的哲學突破，不過是後來的科技創新，才使得這些哲學思想廣受接納。

舉例來說，第一臺蒸汽泵在一六九八年發明，第一臺蒸汽引擎則是在一七一二年發明。一七六四年發明的珍妮紡紗機（spinning jenny）讓勞動者可以同時生產多個線軸，往後數十年又發明了紡紗騾機（spinning mule）和動力織布機。這些發明可以簡化生產過程，因此投資這些發明可以產生利潤。工廠因而對奴隸勞動力的需求更大，用他們來生產棉花等物料，更不用說菸草、糖和茶等商品了。勞動的分工程度也進一步提高，使得人們能夠達到更高的生產率，取得更高的利潤。

隨著商業資本主義轉變成工業資本主義，布爾喬亞階級（也就是資本主義階級）變得更加強大，開始和領主以及國王的古老權力競爭。由於布爾喬亞階級從定義上來說就擁有生產工具，因此他們可以把利潤繼續拿去投資，累積越來越多資本，這個小規模的階級因而變得更富有、更有影響力。除了布爾喬亞階級和越來越過時的貴族之外，其他人便是販賣勞動力的自由工作者、被迫工作的奴隸，或是因為失業而新發展出來的剩餘人口。女性的工作不再受到重視，這是因為她們通常仍在家中工作，出門勞動的往往是男性。由於生殖和家事都沒有給薪，所以它們便不再被視為真正的工作。[16] 資本主義制度占據了有史以來最高的主導地位，打破了傳統社群關係，依據每個人在全國階層與國際階層的新經濟階級中占據的位置，重組了人口結構。

在健康方面，工業資本主義帶來了非常深遠的影響。正如馬克思所說，這種制度與其下的勞動關係「比其他生產方式更加浪費人類的存在與活勞動（living labour），不僅浪費血肉體力的消耗，更是浪費了精神與腦力。」[17] 許多工作者的生活條件出了問題，他們擠在骯髒又充滿污染的工業城市裡，帶來了新的流行病和疾病。雖然上述狀況確實有問題，不過我想在此強調的是，人們對身體的看法之所以會改變，正是因為資本主義的關係，人們原本認為身體是動態的有機體，之後轉而認為身體是一臺能夠工作或已經損壞的機械。問題不只出在越來越多人在日常生活中接受了新的身體機械看法，使得在當代科學中用機械做比喻和認知變得很自然，問題也在於工作生產方式本身，就有利於把人們轉變成活機器，用「生產潛力」來判斷勞動者的身體是能夠運作或已經損壞。

最值得注意的是，工業化英國正如維克．芬克爾斯坦（Vic Finkelstein）所說：隨著人們標準化新機器和工作日制度，也把理想的工人標準化了。越來越多勞動者需要足夠的交通移動能力才能前往工廠。接著，他們需要符合工業工作場所的步伐和生產規範。同一時間，食品的生產量上升也就代表了人口能夠持續增加。在這種環境下，越來越多剩餘的勞動者必須為了就業而彼此競爭。正如芬克爾斯坦所寫的：「英國工廠的勞動者不能有任何會妨礙他或她操作機械的身心障礙。為了大規模生產而出現的高效能生產機械具有經濟必要性，這使得身心健全者變成了工業化英國的常態工作者」。[18]

當然，這並不代表身心障礙者絕對不可能在工廠工作。歷史學家特納（Turner）和布萊基（Blackie）對工業化英國的身心障礙煤礦工做了研究，在其中強調「在特定群體、職業與不同的環境中」人們「包容和排除的動態」會如何改變。[19] 在煤礦業的例子裡，雖然會出現特定形式的藩籬和歧視，但勞動力中的障礙者相對較多。我們可以在這之中看到一種更普遍的模式：有時剩餘人口階級的身心障礙者與其他弱勢者，會因為生產有需要，或者因為剝削他們可以獲得利益，而被納入勞動人口中。我們也會看到勞動階級和剩餘人口階級之間具有流動性，這兩個階級的人會依據資本需求的不斷變化，而在兩個階級間移動。

黑人奴隸的情況則更加複雜。奴隸會在奴隸市場上出售，他們的身體和心靈都被商品化了，而領薪水的勞動者則不會受到這樣的商品化。正如史蒂芬妮．亨特－甘迺迪（Stefanie Hunt-Kennedy）詳細描述的：奴隸沒有薪酬，在種植園中，許多奴隸就算是身心障礙者也一樣得工作——這些奴隸的身心障礙，往往來自於奴隸管理者施加可怕的虐待而造成傷害。此外，勞動奴隸的「價值」取決於他們「在公開市場轉售的價格，以及他們作為工人的個人生產量」。[20]在資本主義剛開始建立時，種族主義深植其中的運作方式，使得數百萬勞工奴隸遭到雙重物化，這種物化遠比歐洲的白人勞工經歷的嚴重剝削更糟糕。

事實上，正如凱特琳・羅森塔爾（Caitlin Rosenthal）的研究顯示，在勞工奴隸的科學管理方面，開創先河的正是美國南部的種植園業主。她寫道，他們的科學管理方法是「密切關注男女奴隸採棉花的效率高低，常為了把產量最大化而使用新方法來實驗」，他們會「謹慎又詳細地記錄和分析資料，保存過往紀錄，逐年比對」。[21]這是第一次有人為了獲得資本並提高個別勞工生產率，以科學方法研究並操控勞工。正是這種科學管理鋪平了道路，讓人們在後來法律禁止了奴隸貿易與奴隸制度後，仍把各種管理法擴展施加到所有勞工身上。

因此，勞工的工作條件取決於環境脈絡，與此同時，很顯然地，在資本世界的每一個角落，越來越多人依據個體的真正生產力或推測生產力，來判斷個體的身體（包括大腦）是可運作或損壞的。由於人們開始彼此競爭，所以變得越來越常把個體的產出量拿來和其他個體做比較。於是這個社會開始加強觀察、記錄、分類和評估每個個體的生產率。

在這段期間，人們越來越擔心「詐病者」（malingerer）——也就是為了逃避工作而假裝生病的人。政府不斷改善各種規範，努力評估與區分身體健全的失業貧困者與身心障礙者。舉例來說，早在一六九七年，《徽章法》（Badging Act）就要求所有仰賴教區救濟的人都要帶上徽章，上面會標註他們的姓名縮寫和貧民身分。在那之後的許多法律，都把障礙者加以分類成需要國家介入幫忙的群體，我們將會在接下來的章節回過頭討論這個主題。

在這樣的環境下，一開始被視為異端邪說的笛卡兒論點逐漸被廣泛接納，這不只是因為此論點在醫學方面具有使用價值，更是因為此論點對資本主義大有助益。到了十九世紀，工業家、種植園主和其他資本家，已經把他們手下的勞工視為個別的機械，並把這些機械區分為能工作的與損壞的。到了這個年代，資本主義者的需求已經變得比教會的經文更重要了，教會再也無法決定哪些事情是可接受的。

第一個觀察到此發展的或許是馬克思，他在一八六七年指出，資本主義帶來的不只是新型機械，還帶來了「人造的」轉型，使「人類變成只為超量生產而存在的機械」。[22] 正如我們將在下一章中看到的，就是在這個時代——在這些機械化功能的新標準中——人類在理解健康時，用新興的「常態」統計概念取代了傳統的平衡概念。

第2章
基準常態的發明

The invention of normality

隨著資本主義的進一步發展和人口的成長，
基準常態的定義變得更加嚴格，
有越來越多人都落在身心正常運作的新標準範圍之外，
使得異常者變得格外突出。

人們對身體功能的理解從體液觀念轉變成機械化的觀念，隨之而來的是另一個評判標準的轉變，人們不再把健康視為「和諧」，而是視為一種「基準常態」。接下來我們要談的就是這個轉變，一切都始於比利時的先驅統計學家阿道夫・凱特勒（Adolphe Quetelet）。凱特勒提出的概念是我們邁向人類常態的第一步科學進展，此概念為往後的醫學、犯罪學、心理學與優生學奠定了基礎。他因而成為早期首屈一指的社會科學家之一，至今仍深深影響我們的日常生活。不過，正如我們即將看到的，他提出的概念遠不只是科學發現，這個概念就像是「身體是機械」的比喻逐漸興起一樣，反映了當代經濟與意識形態的改變。從某部分來說，這種轉變也源自工業化，我們因此開始把人類視為一種機械。而這次的轉變，同時也源自法國與比利時的布爾喬亞革命。

若要理解凱特勒的研究，我們首先得回過頭去探究他的思想基礎，也就是統計的起源。此處值得注意的是，現代在論及資料統整時所說的「平均數」這個基本概念，並不是從醫學界出現的。事實上，首次發展出統計分析的是十六世紀的天文學家，他們用這種分析方法來預測有時無法觀測到的行星運行。接下來的數個世紀中，統計分析的概念一點一滴地發展，直到一八〇一年，德國數學家高斯（Carl Friedrich Gauss）研發出一套公式，以此公式為基礎，依據鐘型曲線圖預測了小行星穀神星（Ceres）的移動。這條曲線後來被稱作「誤差曲線」（error curve），此處誤差（error，也有錯誤的意思）是指偏離一般的常態。這樣的發現為早期的常態統計分析打開了一條通道，使其他領域也能應用這種方法進行資料統整。這種觀念也使人們開始把「常態」（normal）連結到「正確」狀態，把「異常」（abnormality）連結到「錯誤」狀態。

在一七八九至一七九九年的法國大革命後，醫學界首次應用這些概念。法國大革命的目標是協助人們擺脫宗教信條、傳統習俗和封建制度。革命者想要打造新的國家形態，因而需要使用標準化的方法來量化與計算各種事物，去除超自然信仰與地方習俗的玷污。這樣的需求，使得幾乎所有事物都獲得了新的統計方法與量化方法，包括了公制系統、重量標準化、製圖調查等不一而足。人們認為這些方法普世通用且客觀，能幫助革命者用新方法來組織社會、改善社會。

同時，革命也帶來了許多傷患、死者和處決，這代表巴黎的醫師獲得了大量的傷患、屍體與紀錄，他們可以把資料整理歸檔，並把新統計概念應用於此處作為實驗。正如歷史學家克萊爾（Cryle）和史蒂芬斯（Stephens）所確立的概念，「正常狀態」這個詞彙，是在一八二〇年左右的法國比較解剖學文獻中首次出現的，而後在一八三〇年代開始出現在醫學文件中，不過，這段期間的使用方式較不講究，沒有明確的定義和清楚的科學用途。[1]

在這樣的背景下，最重要的早期理論介入仍來自凱特勒。凱特勒在一七九六年出生於當時屬於法蘭西共和國（French Republic）的根特（Ghent，位於如今的比利時），曾學習過數學和天文學，一八一九年在根特大學（University of Ghent）取得博士學位。他很快因為講課的才華與對音樂的敏銳感受力而聞名遐邇，常在晚宴上用獨奏自娛娛人。一八二〇年代，凱特勒提議建立一座新的天文臺。他的想法獲得了政府支持，於是他前往法國和英國瞭解天文學界最新的儀器和研究方法。獲得了新知識後，他回到根特，開始建造自己的新天文臺。

然而，比利時在一八三〇年為了恢復獨立而發動革命，打斷了凱特勒的天文臺計畫。革命期間，他的天文臺被占用，當作軍械庫使用，在這次中斷後，他把興趣轉變成使用統計學來理解與預測社會世界，而非物理世界。雖然他在早期曾刊登過一些簡短的文章，但真正的突破性著作是他在一八三五年出版的書《平均人》（*l'homme moyen*，英文書名為 *The Average Man*），不但享譽國際，也奠定了他在統計學、醫學與社會科學的歷史地位。

凱特勒提出了人類常態的嶄新基進科學。在此引用他的話來解釋他的觀點：

我們可以直接測量一個人的體重和身高，接著把這些數字拿去和另一人的體重和身高做比較。我們用這種方法來比較一個國家中的所有人之後，便會得到平均值，也就是**平均人**應該擁有的體重與身高。[2]

他研究蘇格蘭士兵的紀錄，制訂出身高與體重等資料的平均值，藉此理解和預測典型蘇格蘭人的特性。凱特勒以這個觀念為基礎，主張「平均人」的概念有助於人們瞭解健康的「正常狀態」。在應用凱特勒這個概念的各種案例中，最好的例子或許是身體質量指數（Body Mass Index，簡稱ＢＭＩ），至今人們仍在使用這個公式來衡量個體的體重是低於還是高於理想數字。凱特勒的想法也推動了二十世紀發展出來的平均心跳與正常肺活量等概念。[3]於是，我們眼中的人類機械功能不再只有「可工作」與「損壞」這兩種，而是以各種正常值作為標準，用更詳細的測量方式對個體進行評估與階級排序。

然而，這種轉變就像身體是機械的比喻一樣，不只和科學進步有關。為了充分理解這種轉變，我們得先知道它如何反映出了社會和物質之間的關係變化。這個轉變不僅為身體的機械化科學打下了基礎，也允許人們把身體功能分成各種不同的層級。凱特勒也把平均人假定為革命後法國的理想個體，藉此幫助人們創造出新的理想型：「如果我們能夠確定平均人的資料，我們就可能會把他視為完美的典型；只要有個體不符合平均人的比例和狀況，我們就會把個體視為一頭怪物」。[4] 凱特勒的跳躍性思考不但鞏固了平均人和健康之間的關聯，也建立平均人與道德良善以及完美之間的關聯。誤差曲線原本的用處是預測星星的行進軌跡，如今則被應用在人類的基準常態上，而只要個體是異常的，就是天生的錯誤。

正如艾倫・霍維茲（Allan Horwitz）指出的，在瞭解基準常態時，很重要的一件事是：「有如法國大革命的理想一樣，凱特勒抱持的是基進民主派的觀點，這是因為在他看來，無論是最高階貴族還是最受迫害的底層人民，每一個人都具有相同的分量」，這是有史以來第一次出現這樣的理論。[5] 然而與此同時，如同萊納德・戴維斯（Lennard Davis）的描述：

在建構**平均人**這個概念時，凱特勒也為**中產階級**（les classes moyens）提供了合理化的論述。隨著布爾喬亞階級掌握了霸權，我們也看到許多科學辯證為了適度與中產階級的意識形態而出現。平均人，也就是處於中間值的人類身軀，變成了中間值生活方式的典範。因此，這種意識形態認為，在宏大的事物秩序中，布爾喬亞階級會被放在平均位置是件很合理的事。[6]

同樣地，凱特勒的平均人數值也會因國籍而有差異。法國的完美人不同於德國的完美人，德國的完美人又不同於俄羅斯的完美平均人。在每個國家中，與平均人相差越多的人——比如以白人為主的國家中的黑人——越會被視為怪物。因此，平均人的新概念提供了一個管道，讓人們把種族民族主義與布爾喬亞霸權一起正常化了。

總體而言，平均人的概念不只是幫助醫學發展，也促使人們融入一套嶄新的形態與階級制度，與此同時，封建主義在法國與其他地方的最後殘存結構，也把位置讓給了資本主義。隨著歐洲各國以帝國的名義控制世界各地的殖民地，民族主義逐漸崛起，在這些國家中，平均人往往都是具有標準能力的中產階級白人。如今代表善良與正確的不再是國王和大祭司，而是這種平均人，其他偏離基準常態的人則都是怪物，都需要被修正。

平均的理解力

類似的物質勢力也影響了「平均理解力」（mean understanding）的相關概念。從古代開始就有許多學者針對智力撰寫了大量文本，例如在雅典做研究的哲學家亞里斯多德（Aristotle），以及在巴格達做研究的阿布・巴克爾・阿爾－拉茲（Abu Bakr al-Razi）。[7] 但英國的平均理解力則是為了實際目標而發明出來的，當時資本主義剛在英國萌芽，英國便以「智力不足」（idiocy）為中心，建構出平均理解力的概念。在啟蒙時期之前，人們多以宗教角度來看待智力不足者。雖然有時人們會把智力不足者視為怪物，但也常會將他們視為社群中值得幫助的弱勢成員。事實上，有些智力不足者甚至在王室過著相對優渥的生活，這是因為當時許多人都認為智力不足者能接觸到神聖的智慧，有些人則認為提供他們吃住能消除自己的罪。[8] 如歷史學家羅迪・斯洛拉奇（Roddy Sloarch）所描述的中世紀與封建時代的社會：

在這些通常十分殘酷的社會中，認知能力受損者的生活普遍受到剝削和壓迫的狀況。但沒有證據指出當時的社會大眾對他們有任何具體的系統性歧視。[9]

然而到了十七世紀，在英國開始發展成全球超級大國的同時，國內出現了「平均理解力」的概念。我們也能明確觀察到新形態的歧視隨之而來。

值得注意的是，這個概念最開始出現的背景，是繼承私有財產的法律糾紛。根本上來說，當時的人發展出平均理解力的概念，是為了把認知障礙者排除在財產繼承之外，讓具有「正常」理解能力的遠親能獲得財產，通常這種繼承方式都是不公平的。舉例來說，早在一七〇〇年，英國律師約翰・布萊道（John Brydall）的書《心智不健全：或名，與天生的傻子有關的法律》（*Non Compos Mentis: Or, The Law Relating to Natural Fools*）就充滿了類似下列引文的概念：

如果一個人具有平均的理解力（不是最聰明的，也不是最愚笨的），處於聰明人和愚笨者之間，那麼，就算他的理解力偏向愚笨的那一邊，就算他可能因為平凡的能力而被稱為大頭（Grossum Caput）、無趣帕特（dull Pate）、傻蛋（Dunce），我們仍不該禁止他立下遺囑。[10]

若人們認為應該禁止智力不足者立遺囑，也就代表他們的遺囑在財產糾紛中沒有法律效力，同時也暗示他們的利益在財產糾紛中同樣沒有法律效力。而「天生的傻子」這個新概念，則允許人們把此種惡意對待視為「自然秩序」的一部分。因此，一開始之所以會有人採用平均理解力的概念，是因為這能確保認知能力健全的人可以獨占財產和生產工具，也讓認知能力完整的人，得以把平均理解力建構成自然階級中的一部分。[11]

然而，早期的資本主義者對平均理解力的看法，並不是以統計分析為基礎，畢竟在凱特勒提出之前，人們沒有方法或資料能導出平均值。只有法律專業人士會提出關於常識或數學的問題，以非常寬鬆的方式判斷一個人是否具有法律行為能力。一直到凱特勒帶來了影響，加上英國開始工業革命之後，人們才多次試著把這種統計方法應用在大腦與心智上，這麼做的目的，通常是在能力、社會階級、性別與種族各方面重新打造新的階級差異。[12]

最重要的其中一個早期例子是弗朗茲・加爾（Franz Gall）醫師在一七九六年發明的顱相學（phrenology）。加爾還是學生時，注意到那些眼睛較大、額頭較寬的同學都比較擅長背誦長篇幅的文字。他很快就開始思考，這種表面上的差異，是否代表了大腦的結構與運作也有根本上的不同。隨著時間的推移，他認定了人的心理運作會投射到特定的腦區域，而他可以透過頭顱的形狀看出這些腦區域的狀態。他提出了顱相學，並聲稱這是一種新的科學，將頭顱的形狀連結到心理狀態，藉此判定心智能力、個性，甚至犯罪傾向。

雖然後世將顱相學視為偽科學，但當時在工業化的英國，有許多擁護者認為他們可以利用正在興起的基準常態觀念，來為顱相學打下論述基礎。以一八四五年的蘇格蘭顱相學家詹姆斯・斯特拉頓（James Straton）為例，他在《顱相學數理》（*Contributions to the Mathematics of Phrenology*）一書中解釋，他的目標是「制定一個標準，列出各個人種中已知的平均尺寸、平均範圍和尺寸的極端範圍。」[13] 對於斯特拉頓來說，頭骨與大腦若太大或太小，將會反映在他所謂的「健康的常態結構」標準上，也會影響一個人是否具有能履行生活必要事務的完整心智能力。[14]

儘管顱相學沒有科學根據，但卻十分重要，這是因為它在種族、認知與社會階級方面的文化理解出現新興改變時，造成了重大影響。此時我們要記得一件很重要的事：歐洲的各個帝國以種族滅絕和殖民主義為手段，占領了全球多數區域。歐洲白人認為自己比其他種族更加優越，而他們掌握的權力多寡，取決於他們奴役的勞動力。當時的英國人認為歐洲與原住民的身體既恐怖又畸形，尤其是女性的身體，並且認為這些人的心理狀態處於人類與野獸之間。[15] 階級制度也已經根深柢固了，位於統治階級的人，往往認為勞動階級的人天生就不擅長理性思考。

在這樣的環境下，正如希斯林（Sysling）所說：「無論顱相學的事實基礎多麼低，仍然確實讓社會大眾接觸到了『平均』的概念。它為美國與英國的中產階級男女白人提供了一種嶄新的方法，可以讓自己屬於一個想像出來的統計集合體。」[16] 顱相學獲得了各界人士的支持，從哲學家赫伯特・史賓塞（Herbert Spencer）到著名生物學家阿弗雷德・華萊士（Alfred Wallace）都包括在內。事實上，就連維多利亞女王（Queen Victoria）也找了一位著名的顱相學家來檢視孩子們的頭顱。顱相學獲得了廣泛的支持，使得我們對自身與他人的集體認知出現大幅改變，也奠定了我們每個人在心智的新階級標準中所處的位階。

這些文化實踐讓「基準常態的心智與大腦」這個概念，融合至資本主義與殖民的意識形態中，也引導人們認為這會是一種客觀的基礎，能夠歸化好幾個世紀以前就開始興起的認知階級、經濟階級與種族階級。在這段過程中，古代的智慧逐漸被一種以統計為基礎的新理解方法取代。這個概念逐漸傳播出去，越來越多認知能力健全的中產階級白人認為自己的存在與思考方式，天生就比障礙者、勞工階級、殖民地的黑色人種與棕色人種更加接近理想的「常態」，甚至認為自己比常態還要更優越。越來越多人恐懼並污名化每一種非常態的認知能力，尤其是歐洲的上層階級與移居至世界各地的白人最為明顯。

大禁閉

我們在此處與上一章說明的各種因素，不只帶來了理解方面的改變。除了利用平均理解力來排除認知障礙者擁有適當財產的法律概念，另一個隨著資本主義興起而出現的相關改變，是與認知障礙有關的一系列監禁制度也跟著出現。傅柯（Michel Foucault）在一九六一年的經典著作《瘋癲與文明》（*Madness and Civilisation*）[17]中指出，這些監禁制度為那些人們稱作瘋子的人——包括認知障礙者——帶來了「大禁閉」（great confinement）。但根據傅柯所寫的，在文藝復興時期，瘋子通常會被描述成具有神聖智慧的人，被社群所接納。他們就像其他障礙者一樣，雖然生活對他們來說十分艱難，但他們並沒有因為個性瘋狂而遭到社會系統性的歧視。

正如我們先前提到的，晚期封建主義與後來的資本主義使人口密度快速升高，貧困人口也大幅增加。這引發了人們對人口控制和生產率的擔憂。在這種情況下，人們不但把乞討、性工作、輕罪與其他對布爾喬亞階級來說極端不道德的事情，都用關禁閉來解決，連瘋狂也被視為一種可以用禁閉來解決的問題。這些群體的共通之處是怠惰，這違背了資本主義要求的生產力。在這些群體中，人們特別認為瘋子侮辱了啟蒙時期的理性典範，因而是一種對文明的威脅。

雖然歷史學家仍對傅柯強調的「禁閉」涵蓋至哪些範圍有些爭議，[18] 不過可以肯定的是，精神病院正是在這段時期出現的，而瘋子——包括認知障礙者——常常被綁起來、被隔離、被體罰。另一件可以肯定的事是，十九世紀增加的隔離人數到達前所未有的高峰，有行為能力的窮人被隔離到救濟院中、犯罪者被隔離到監獄內，而瘋子則被隔離到精神病院裡。當時新立的法律目的在減少救濟貧困者的成本，強制還沒有救濟院的教區要蓋一棟救濟院，其中最著名的法律是一八三四年的《新濟貧法》（New Poor Law）。因此，隨著資本主義的進一步發展和人口的成長，基準常態的定義變得更加嚴格，有越來越多人都落在身心正常運作的新標準範圍之外，使得異常者變得格外突出。正是這樣的發展，使得各種新型監禁體制必須進行大規模開發，這些體制分別按照各自的行事方式，把它們視為異常的人關起來。

歐洲各地紛紛建立規模更大的國家精神病院，人們對瘋癲的禁閉與管理一路擴散至歐洲帝國的各個殖民地，融合了種族主義思想，形成新的論述。舉例來說，英國的著名精神科醫師亨利．莫茲利（Henry Maudsley，後來南倫敦的莫茲利醫院〔Maudsley Hospital〕便是以他命名）寫道：相較於歐洲白人，原住民中的「叢林女性」（bushwomen）[19]擁有的大腦「相對低等」。基於這一點，撒哈拉以南非洲的英國精神科醫師，很快就開始自以為是地指出，「基準常態」的非洲人和發瘋的歐洲人有多少相似之處，他們的論點基礎是這兩種人都同樣具有「迷信與原始信仰」，並且「沒有抽象思考的能力」。[20]

在這樣的環境脈絡下，我們終於在十九世紀中期左右，看到精神醫學以「醫學分支」的地位出現了。精神病院的功能也隨之出現更全面的改變。精神病院首次出現的主要目的是隔絕發瘋的人，讓他們遠離其他社會大眾。但到了一八五〇年左右——當時凱特勒的「基準常態」概念在許多科學研究中變得越來越有影響力——人們開始強調精神病院不該把收容人視為需要被控制的威脅，而是將他們視為可以被治療或可以恢復正常的病人。

這種改變部分來自早期自由派改革者的影響。其中最值得注意的是影響力極大的法國醫師菲利普・皮內爾（Phillipe Pinel），他希望能把這些精神病院的主要功能，轉變成他所謂的「道德治療」，而不是監禁和折磨。除此之外，正如史考爾所述，人們的看法之所以會從「對瘋子抱持著模糊的觀點」轉變成認為瘋狂是可辨識、可治療的疾病，有部分原因正是那些在精神病院中擔任「瘋子醫師」的人。[21]史考爾接著指出另一件同樣重要的事：

工業資本主義使得越來越多人把勞動人口視為可操控的人類素材，只要仔細管理並改善使用與組織的方式，就可以穩定增加利潤，並藉由合理設計，把這些人類素材的價值轉化成經濟資源。[22]

資本主義透過根本的殖民主義與帝國主義階段崛起，使現代觀念變成了瘋子需要接受治療，這是為了緩解他們的痛苦，並讓閒置者重新成為勞動力。社會大眾逐漸把人口視為具有可塑性的經濟資源，在這樣的背景下，各種新職業隨之出現，並鋪平了一條道路，可以通往早期的前典範式精神醫學（pre-paradigmatic psychiatry）與其他相關領域的興起，例如心理學與心理計量學。而人們對於身體與心靈的機械式理解，搭配上基準常態的新觀點，為這些計畫帶來了新的立足點。正如我們將在下一章看到的，這些理解將會結合基準常態功能的統計學新概念，這樣的結合不只為優生學的崛起打下了基礎，也為現存的精神科典範打下了基礎——也就是病理學典範。

基準常態與資本主義

我想在這裡暫停片刻，總結我們目前為止論及的內容。在全球各地的傳統思想中，心理和生理的健康，通常會被視為和平衡有關的問題。這種平衡可能存在於身體中，也可能存在於身體與環境間。但是，資本主義的生產方式和工業革命，使社會大眾對健康與能力產生了新的看法。人們漸漸把身心都視為機器，並運用基準常態這個新觀念，來決定這些機器是能夠正常運作還是損壞了。這不只是技術性的醫學概念而已，基準常態的概念，深刻轉變了個體與不同人類階級是如何看待自己的。隨之而來的還有嶄新的人口管理方式。這使得認知能力健全的中產階級白人，得以合理化各種階級制度，正是這些制度帶來了殖民主義、帝國主義與資本主義的興起。此外，這也使認知健全者逐漸壟斷了財產與生產工具。因此，基準常態的概念不但反映了受環境影響的社會階級，同時也把這些階級定義為「天生如此」。

於是，我們在此看到的便是我所謂的「常態帝國」的起點。這種新系統是由不同的監禁系統、法律先例、機構、概念和實踐所組成的複雜連動網絡，導致社會大眾開始依照心智能力與神經能力進行系統性的階級排名，同時把這種階級視為一種永恆不變的自然秩序。這並不是一場意外，而是打從一開始就建立在資本主義邏輯中的必然發展。我們接下來要說的，就是在這樣的背景下出現的英國博學家法蘭西斯·高爾頓，他創造了病理學典範——也就是神經多樣性運動往後命名並反抗的那套典範。

第3章

高爾頓的典範

Galton's paradigm

高爾頓是影響力深遠的統計學家，
協助社會大眾發現了各種學科，
包括心理計量學、行為遺傳學和優生學這個偽科學。

法蘭西斯・高爾頓在一八二二年出生於伯明罕（Birmingham），家族中有許多銀行家和槍械製造商。高爾頓是伊拉斯謨斯・達爾文（Erasmus Darwin）的孫子，也是查爾斯・達爾文的同輩遠親，他從小就是個特別的神童，兩歲開始學習閱讀，自此之後在學業方面都表現得非常出色。他在倫敦國王學院（King's College London）念醫學，在劍橋（Cambridge）念數學，當時正好是凱特勒在這兩個領域的突破性研究受到廣泛討論的時期。高爾頓很年輕時父親便去世了，他靠著高額遺產旅行、發明、寫作，並在往後成為那個世代最有影響力的科學家之一。

在理解高爾頓的研究時，很重要的一點是要注意到，他很快就沉迷於「天才」——他十分認同的一個字彙——以及人們能想像得到的所有人類排名方式。這種沉迷，可以追溯到高爾頓年輕時造訪一位顱相學者所獲得的絕佳印象。雖然我們無法確切得知他從學者那裡聽說了什麼，但我們可以假設，由於高爾頓是維多利亞時代很有身分地位的人，所以其他人會在他們想像的統計階級中，把他放在最接近頂端的位置。同時，高爾頓也開始對「遺傳」感到著迷，他在劍橋念書時提出假設：他認為劍橋裡的學生都是中產階級白人男性，這代表了在人口結構特性中，這種人就是比其他人還要更優越。他因此進一步認為，大英帝國的階級並不是依照環境與特定的歷史因素而排定出來的，這種階級代表的是科學可驗證的天生優勢。

高爾頓正是在著迷於這兩件事的過程中，成為影響力深遠的統計學家，協助社會大眾發現了各種學科，包括心理計量學、行為遺傳學和優生學這個偽科學（優生學〔eugenics〕就是他發明的詞彙）。值得注意的是，儘管許多領域都承認受到了高爾頓的影響，但精神醫學的通史幾乎沒有提過他，無論是主流精神科醫師或反精神醫學的評論者寫的歷史都一樣。然而在我看來，他就是病理學典範的創始人，這是因為他不但提供了病理學典範的抽象基礎，也研發出許多實驗方法，為後世的研究人員畫好了藍圖。往後有許多人都採用了高爾頓提出的典範，包括埃米爾．克雷佩林（常被稱為現代精神醫學之父）與其他在心理科學界具有相當影響力的臨床醫師與研究人員。這種典範奠定了基礎，使得至今仍占據主流的一種觀點得以成形，正是此觀點把資本主義持續發展的神經基準常態優勢，變成了符合自然與科學邏輯的發展。

演化的階級排名

以本書而言，高爾頓的其中一個研究關鍵，就是他把同輩遠親在一八五九年出版的《物種起源》（*On the Origin of Species*）[1]中提出的構想，結合了凱特勒對人群的統計分析方法，用他自己的話來重整，認為「可以把同樣的法則應用在心智能力上」。[2]高爾頓把這兩個概念結合在一起後，開始研究一個更正式、意圖更明顯的科學文化常態化計畫，這個計畫深刻影響了現代社會的每個角落。

如今回過頭去看，我們不太可能會低估達爾文對於人類的自我理解有多大的影響力。過去數千年來，人類一直都知道特徵應該是能繼承的，而達爾文的同代人則提出了許多不同理論來解釋這個現象。不過，達爾文的演化理論是第一個具有扎實證據與解釋能力的理論，他的理論指出：物種會結合隨機變異（mutation）和環境適應，藉此達到天擇。達爾文煞費苦心地仔細觀察並提出解釋，使得人們開始覺得人類不只是一臺機器，而且還是與其他靈長類擁有相同祖先的機器。相較於笛卡兒想要保留靈魂聖潔性的觀點，在達爾文主義中，心智和身體一樣，都只是演化設計出來的產品，也就是大自然設計的產品。由此可知，從本質上來說，達爾文為人類和生物科學提供了新的體面標準，同時開啟了許許多多新發展的可能性。

在這樣的背景下，高爾頓發現他若從特定面向著手的話，便可以超越凱特勒依賴的前近代科學概念：人類的「完美特質」與「怪物特質」。具體來說，高爾頓從達爾文那裡採用的觀點是「變異無所不在」，由此可知，因為每個生物與生俱來的能力都不一樣，所以不同生物的適應程度也不一樣。達爾文主義的演化理論也是以此為基礎發展出來的，這個理論可以解釋不同人類個體與不同人種之間的差異。對於高爾頓來說，這代表把個體拿去和其他個體做比較時，會出現適應性較高或較低的狀況，他認為這種現象可以用功能性演化或適應性演化來解釋。

他先前已發表過幾篇短文，不過，最出名的還是一八六九年的著作《遺傳天賦》（*Hereditary Genius*），他在書中結合了達爾文的理論和凱特勒的統計法，藉此分析不同世代之間的智力。用高爾頓自己的話來說，他的建議是：

> 根據天生的能力將人類分類，以同樣的指標間隔分出各個階級〔……〕我將採用的方法是個非常奇妙的理論法則：「偏離平均的偏差值」。[3]

高爾頓一開始的嘗試，是把許多個體、族譜和種族拿來做比較，用「傑出程度」（eminence）來做評比。他因此認為白人、上層階級歐洲人和古希臘人的階級最高，非裔歐洲人和澳大利亞原住民階級最低。高爾頓認為女性不太可能是天才，所以根本沒有出現在他的階級中。由此可見，此書的根本功能就是歸化大英帝國的種族階級、身心健全階級、經濟階級與性別階級。

《遺傳天賦》剛出版時的評價褒貶不一。一方面來說，達爾文十分支持高爾頓的著作，他說這本書「有趣又充滿原創性」，[4] 阿弗雷德·華萊士則說此作品「別出心裁」。[5] 然而，也有許多人認為高爾頓的分析有許多過度偏頗的預設觀點，例如遺傳、「傑出程度」的判斷與社會階級的影響。當時有一位評論家指出：高爾頓認為傑出的意思是「具有平均能力的人在隨機優勢的幫助下進步」，卻忽略了環境與早期教育這兩個因素。[6]

儘管如此，高爾頓並沒有因為這些批評而卻步。他靠著繼承的財富繼續研究，在接下來的幾十年中，陸續研發出一些心理測量與生物特徵量測的初步方法。這些方法的範圍很廣，從史上第一個智能測驗到史上第一個生物特徵測量技術都含括在內。他在倫敦的心理學研究室使用的就是這些方法，這間研究室是最早成立的相關機構之一，他在這裡研究並記錄了非常多人的個體能力，藉此得出統計常態。高爾頓在這間研究室中開創了多種新方法，包括心理學問卷，以及一系列用來測試能力（例如認知反應時間）的設備。這些研究成果使社會大眾對於個體能力建立了嶄新的概念，認為個體能力與環境無關，並將之實體化，使「能力」具有一套自成系統的分級制度。正如科特·丹齊格（Kurt Danziger）所寫的：

本質上來說，高爾頓的測試情境創造出來的，是一套個體表現，把這些個體的表現拿來相比較，就會定義出個體在獨立且社交孤立時的特質，高爾頓把這些特質視為「**能力**」。能力指的是一個人能靠自己做到的事，他的目標不是把個體定義成這些能力組合起來的結果，也不是找出個體在群體中的表現能力落在哪個程度。[7]

高爾頓正如之前影響了他的顱相學家一樣，開始透過統計分析法把個體能力放進了各個階級中。此外，他也把這種階級對應到遺傳的生物特徵上。他使用雙胞胎研究法來區分「先天與後天」——這是高爾頓創造的另一個歷久不衰的說法——他藉此檢視遺傳對於能力、性格與態度的影響力有多高。[8] 這項研究搭配豌豆在不同世代的生長高度退化實驗，[9] 使高爾頓找到了行為遺傳學這個領域，他指出：如果沒有適當的管控，物種就會「退化」（regress）。

此處很重要的一點在於，高爾頓並不是為了純粹的科學目標而設計出這些方法。他著魔似地用這些方法來分級人類的所有生活面向。舉例來說，他是第一個把不同地區的女人排出吸引力階級的男性。他不但只按照自己的看法來區分階級，而且還是私底下排名的，每次他在公眾場合看到女性，就會使用口袋中的計數器。他開啟了一直延續至今的一項「厭女傳統」：用數字替女性做階級排名。舉例來說，臉書（Facebook）一開始是用來評比女大學生吸引力階級的網站，後來才成長至如今的社群媒體。

高爾頓還提出了用指紋技術來確認身分的個體辨識方法，後人因此得以發展出罪犯的科學控制方法。他在這方面的研究協助其他研究者正式化了特定科技，使監獄產業複合體出現迅速成長。他在研究室中記錄了成千上萬名倫敦人的心智能力和生物測量特徵，得出總數並分析個體，再根據統計常態判斷這些人的價值。他在心智能力領域的研究打下基石，讓阿爾弗雷德・比奈（Alfred Binet）和西奧多・西蒙（Théodore Simon）後來研發出了智力測驗，奠定了人們在接下來一世紀使用的心理測量與生物測量的研究方法。

同樣重要地，我們在高爾頓的研究發展中，看到的不只是新方法的出現過程，還有意識形態的轉移。儘管高爾頓受到凱特勒的影響，但他最終還是認為，平均值雖然比低於常態更優越，不過，平均值仍是人類應該要「超越」的標準，而不是凱特勒所認為的理想狀態。高爾頓比較感興趣的是變異和階級，在他的階級中，平均人只是位在階級中間的人，而不是完美的人。這種看法主要出自於他對天才和智力不足的興趣，也出自於他對種族退化的恐懼，更出自於他所說的：「那些大幅低於平均值的人會為種族帶來風險，使種族倒退回平庸狀態，而他們的多數祖先都是源自於這種狀態」。[10]

儘管如今回過頭檢視，我們可以明顯看出是高爾頓的厭女心態、種族主義與階級意識形態，驅動了他大部分的思考模式，但值得注意的是，他在晚期提出階級系統時，明確指出了生產力的重要性。他在一八八三年寫道：「能量（energy）就是『勞動的能力』，而且能量和所有堅定的美德是一致的，也使得我們得以大量實踐美德」。他接著說：「能量是生命力充足的標準；能量越多，生命力就越豐富；完全沒有能量就是死亡；智能不足者虛弱無力又疲軟」。想當然爾，他也把較高的生產力與他眼中的種族優勢連結在一起，認為「能量是高等種族的特性，天擇對於能量的偏袒遠大過其他特質」。[11] 因此，他後來的作品逐漸偏離了「傑出程度」這個顯然取決於價值的概念，而是把個體的適應能力連結到生產力，這麼做之後，他的研究也就採用了更客觀的達爾文式分析法。

然而，正如唐納・麥肯其（Donald Mackenzie）後來說的，我們可以在高爾頓與其追隨者身上看到「智識貴族的實踐與經驗來自天生的能力」。[12] 麥肯其在研究中精準地把這種現象連結到當時的英國階級結構上。他寫道：

> 這種觀點的核心概念是，社會地位是（或至少應該是）個人心智能力所帶來的成果。人類具有**天生的才能階級**，可以轉化成**職業的社會階級**。最高階級是教授，有時優秀的商人也會被列入菁英的行列，他們代表的是全國最頂尖的大腦。居於他們之下的是有用但大腦能力越來越無趣的群體：小商人、辦事員、店主、工頭、技巧熟練的工人。這些人當然具有社會價值，只不過沒有教授那麼高。最後是往往更愚蠢或更糟糕的階級：沒有技能的人、失業者和被社會排斥的人。[13]

根據麥肯其的說法，高爾頓新創的統計方法和方法論不是單純的客觀發現。相對地，雖然這些創新確實具有科學實用性，但同時也反映了當時的意識形態，並幫助社會大眾自然化這種意識形態。而後，在科學研究中使用這些創新，又進一步使用資本主義與殖民英國歸化了認知、經濟、性別與種族的階級。

到了最後，一切將會導向高爾頓在一八八〇年代提出的新科學「優生學」。高爾頓一開始就是因為關注「超越平均人」而受到啟發，提出了關鍵的理論變動，以此為基礎發展出他所謂的「互相比對的統計方法」。[14] 這個統計方法的主要觀點是用中位數（median）取代凱特勒的平均值（mean）。障礙歷史學家萊納德．戴維斯強調，這種統計方法的轉變會如何合理化高爾頓的作為：用適應程度為個體與人群排出階級。在凱特勒提出的「常態分布中，高智商只是一種極端」，因此人們不會特別渴望高智商；但在高爾頓的「優生系統中，它變成了高階級者擁有的特質」。[15] 正如高爾頓在一八八三年所寫的，我們可以把「處於中位數的價值看作平均人的價值」，是因為平均人代表的不是理想狀態，而是最高能力與最低能力之間「數量眾多的平庸價值」。[16]

高爾頓正是因為這種轉變，才得以提出他新創造的優生學概念。他將優生學定義為：「改善種族的科學，讓適應程度較高的種族或家族有更高的機率占據優勢。」[17] 高爾頓認為，根據他用來替個體與群體區分階級的新方法，政府扮演的角色應該是提高後代的平均值範圍。如同史蒂芬斯和克萊爾強調的，正是因為高爾頓的研究，才會出現「把基準常態的實用性變成文化實踐的概念」。[18] 換句話說，高爾頓正式化了我們在上一章介紹過的非正式基準常態實踐，並為這種實踐提供了一層科學合理性的虛假外殼。高爾頓的這些研究，正當化了社會大眾在接下來數十年間大量擴展這種文化實踐的行為，隨著時間推移，他的研究也被用來合理化許多有史以來最可怕的暴行，稍後我們會回過頭來討論後者。

克雷佩林精神醫學的高爾頓化

我們剛剛已指出，高爾頓從常態思維的概念開始發展時，是如何藉此對個體與群體的心理功能做出最低到最高的階級排序。許多科學領域都採納了這種方法。高爾頓對心理學與心理計量學的研究造成的影響，已經清楚顯現在其他領域了。其中最著名的相關著作是科特．丹齊格的《建構主體：心理學研究的歷史起源》（*Constructing the Subject: Historical Origins of Psychological Research*），該書確立了高爾頓的理論和方法是如何形塑了當時直至今日的各種研究基礎。正如我們先前提過的，學界一般認為高爾頓也對行為遺傳學打下了堅固的基石。相比之下，他在精神醫學中的影響卻被忽略了，此學科的通史幾乎沒有提起過他。

然而，高爾頓對精神醫學的影響其實非常重要。他啟發了許多醫師，其中最值得注意的是十九世紀的著名德國精神科醫師埃米爾．克雷佩林，他大幅拓展了高爾頓的研究典範。如今，人們普遍認為克雷佩林發展了以生物為中心的分類法，這個方法在他所處的德國精神醫學界占據主導地位，也在一九八〇年後的《精神疾病診斷與統計手冊》（*Diagnostic and Statistical Manual of Mental Disorders*，簡稱ＤＳＭ）中重獲新生。他致力於把精神醫學轉變成與通用醫學相關的確切科學，一般而言，社會大眾往往把他的研究貢獻與這樣的追求連結在一起。人們認為他使用的大體上是自然主義與實驗性的方法，也十分注意他希望能對應生物病因學中的分類制度。然而，從我們先前介紹過的背景來看，更準確的說法應該是克雷佩林拓展了高爾頓典範的範圍——克雷佩林在自傳中回憶說道：「高爾頓是個激勵了心理學界的慈祥老紳士」。[19]

克雷佩林在一八五六年出生於德國北部的小鎮新史特瑞茲（Neustrelitz）。克雷佩林進入萊比錫大學（University of Leipzig）學習心理學與醫學時，心理學與精神醫學正因為前面章節提過的經濟與歷史變化而興起。當時這兩個學科還不是具有統一典範的真正科學。克雷佩林的老師威廉・馮特（Wilhelm Wundt）一開始為他帶來的啟發其實比高爾頓更大，馮特的實驗心理學開創先河，聚焦在個體的內省，而非多人構成的集體。但到了二十世紀初期，馮特的方法逐漸變質，高爾頓的方法則如同丹齊格所寫：「每年都在逐漸增加吸引力」，這是因為高爾頓的方法「證明了這個方法可以帶來振奮人心的方法學革新，有望拓展科學心理學的範圍，遠超過迄今為止所有人的想像」。[20]學界很快就接納了高爾頓的方法，將之視為心理學、心理計量學與生物特徵測量學的研究基礎，同時，克雷佩林從高爾頓的方法中看出了科學心理學在未來的嶄新基石。

雖然克雷佩林的多數研究都集中在臨床醫學上，但若我們仔細檢視他的理論研究，就會發現高爾頓對他的影響。其中最明顯的例子是克雷佩林在一九一九年發表的論文〈精神科研究的目標和方法〉（Ends and Means of Psychiatric Research），他在文中針對「大眾精神醫學」（mass psychiatry）提出的觀點無疑是高爾頓的思想。他寫道：

> 透過決定基準常態的變異範圍，我們將會獲得能夠用來測量疾病變異的標準——此標準具有實用性，不只能用在純粹的科學上，也可以用在實務上，包括估計學校的能力、軍人的適應程度、商

業才華和責任能力……因此，我們慢慢理解到，這個方法不僅可以用數字來描述智力缺陷的不同等級，也可以用更準確的方式來描述其他心理領域的能力不足與偏差。唯有如此，我們才能更清楚地描繪出那些相互抵銷的心理學重要形態。[21]

換句話說，克雷佩林的目標是擴大高爾頓研發的方法，用以研究智力。如今這個方法可以應用在心理的每一個其他面向上，能用來作為精神醫學的基礎，也可以在教育、工作場所等地點，用資本需求的改變來決定不同個體適合的角色。他希望在拓展這種方法的應用範圍後，可以更具體地理解各種能力的不足，再進行治療與控制。

對克雷佩林來說，精神醫學的最終目標與使用這些方法的原因，反映了高爾頓對於生物文化常態化與進步所抱持的希望。正如克雷佩林所說：

> 這種大規模調查在精神醫學中極具重要性。大眾精神醫學具有最廣泛的分布統計數據，必定會為公共心理健康科學提供基礎，這是一種預防式的心理醫學，可以對抗我們的頭腦在心理退化過程中導致的各種危害。[22]

克雷佩林繼續寫道，他感到擔憂的一部分原因是：「有越來越多低等人口與我們的後代混合在一起，這將會導致種族退化」。[23] 因此，對克雷佩林和高爾頓而言，「常態心智」這個概念的實用之處，正是在於它可以打下基礎，允許社會制訂更宏觀的政治計畫進行生物控制和文化控制。

克雷佩林透過這個基礎架構繼續執行計畫，把心理疾患依照無法執行正常功能的程度，區分成不同的類別與等級，並把重點放在患者一生中的遺傳狀況、嚴重程度、發展情況與結果。而後，當時在精神醫學界凌駕其他國家的德國也採用了這套方法，因此出現了越來越多新分類，可以讓醫師做判別、研究與控制。

優生學的思想漸漸在精神科醫師之間大受歡迎，當時甚至有些著名教科書把這種思想放進了書裡。這裡最值得注意的是精神科醫師尤金·布魯勒（Eugene Bleuler），他因為創造出「思覺失調症」（schizophrenia，舊譯「精神分裂症」）和「自閉症」（autism）這些詞彙而聞名。布魯勒在一九二四年的《精神醫學教科書》（*Textbook of Psychiatry*）中公開表示，他認為「擁有嚴重負擔的人不該繁殖」，以免他們的種族「迅速劣化」。[24] 克雷佩林和當代人擴展了高爾頓的典範，藉此打造了現代精神醫學的基礎，而這樣的形上學，同時也在臨床心理學、異常心理學和發展心理學等新興領域打下了堅固的根基。

第4章

優生學運動

The eugenics movement

早期的優生學政策被稱為大屠殺的「第一章」，
在這段期間，約有六百萬名猶太人因為納粹的種族主義意識形態被殺害，
直到同盟國在1945年獲勝才停止。

首先我們要介紹的是，高爾頓的優生學意識形態對於英國的政治與文化產生的影響。優生學教育協會（Eugenics Education Society）便是在高爾頓的啟發下於一九〇六年成立的（該協會在一九二四年更名為優生學協會〔Eugenics Society〕，在一九八九年更名為高爾頓協會〔Galton Institute〕）。[1] 該協會早期有許多著名成員，例如經濟學家凱因斯（John Maynard Keynes）、生物學家赫胥黎（Julian Huxley）以及高爾頓本人。協會有許多提案，其中之一就是支持對「智力低落者」（feeble-minded）執行非自願安樂死，並為了讓有錢人生更多小孩而募集資金。雖然英國政府拒絕了優生學教育協會說要強制消除智力低落者的提議，但卻投票通過了一九一三年的《智力缺陷法》（Mental Deficiency Act），開始依據認知的基準常態程度進行大規模隔離。邱吉爾（Winston Churchill）本人就針對該法案表示，他認為「智力低落族群出現了不自然且越來越快速的增加，再加上成功、有活力又優秀的族群受到了穩定的限制，將會為整個種族帶來危機」。[2]

一次世界大戰後，美國社會大眾初次接觸到美國主義式的「正常」（normalcy）一詞，雖然當時「正常」尚未出現在美國字典中，不過，沃倫・哈定（Warren Harding）在一九二〇年的總統大選就已經在使用「回歸正常」（return to normalcy）當作競選口號了。在同一時期，高爾頓學派以顱相學建立的文化作為基礎，對社會大眾產生了更高的吸引力。這種吸引力的明顯例子，包括在一九一〇至一九三〇年代廣傳美國的「更好的嬰兒」與「更棒的家庭」。正如斯特恩（Stern）所解釋的：

> 這些比賽始於一九一一年的愛荷華州博覽會，當時的俱樂部成員瑪莉・T・瓦茲（Mary T.

Watts）問道：「你們正在飼養更好的牛、更好的馬、更好的豬，那為什麼不養育更好的嬰兒呢？」為了能夠像評價家畜那樣評價嬰兒，瓦茲和另一位當地改革家瑪格麗特・克拉克（Margaret Clark）設計出一套計分卡，用來計算身體健康、人體特徵和心理發展的程度。[3]

隨著這種比賽逐漸傳播出去，美國有越來越多大學開設優生學課程，許多州也執行了優生學政策。智能障礙女性——尤其是智能障礙的黑人女性——被強制絕育，並規定認知障礙者不得移民。當時的人尤其認為黑人女性障礙者不但是經濟負擔，還會危害白人的純種程度。[4]

此處值得注意的是，接納了「基準常態」這個意識形態的不只右派。事實上，就連馬克思的「普通工人」（average worker）概念也受到凱特勒的直接影響。[5]雖然馬克思在一八八三年去世，從未聽說過優生學一詞，但左派有許多人都逐漸接受了高爾頓的觀點。以席尼・韋伯（Sidney Webb）為例，他是倫敦政經學院（The London School of Economics and Political Science）的共同創辦人、費邊社（Fabian Society）的早期成員，也是一位極具影響力的社會主義者，他在一八九六年抱怨「商品和人類的生產過程都出了錯；我們在需要更多麵包時，卻製造出更多毫無意義的奢侈品，並孕育出一堆不適合社會生活、令人沮喪的『殘渣』。」[6]社會主義學者暨哲學家羅素（Bertrand Russell）也提出了類似的優生學建議，他在一九二七年寫道：「只要連續絕育兩個世代的智力低落者，幾乎就能消除所有智力低落者和先天痴傻」。[7]瑪麗・史托普斯（Marie Stopes）等女性主義社運者也同樣倡導強制絕育，並建議藉由生育控制來改善英國人口的品質。[8]蘇聯也採用了優生學的概念——我們稍後會再回過頭討論蘇聯——俄國優生協會（Russian Eugenics Society）在一九二〇年成立，亞歷山大・塞雷布羅夫斯基（Alexander Serebrovsky）等馬克思主義者則主張要執行大規模的優生學計畫。[9]

有些優生學主義者會引用高爾頓研究典範，這些人也對政策產生了深遠影響。舉例來說，在英國開始實施教育隔離（educational segregation）後，他們替戰後的孩子分類，讓他們進入三種學校——技術學校（擅長實務交易的孩子）、文法學校（能取得學術成就的孩子）和現代中學（剩下的孩子）——這種教育隔離的一部分重要基礎來自西瑞爾・伯特（Cyril Burt）的理論。伯特是心理學教授，曾擔任英國心理學會（British Psychological Society）的主席，同時也是優生學主義者，他認為智力是先天的、可遺傳的。他主張孩子可以區分成三大種智力類別，依照這種區分法，具有「常態」能力的孩子可以運用如今仍在使用的一套系統，進入不同種類的學校就讀——儘管後來人們發現伯特是從他的雙胞胎研究中捏造出了這些數據，但這套系統仍然沒有被廢除。

優生學的意識形態與政策，在帝國主義核心的政治光譜中受到廣泛認可，於是優生學也被出口到了殖民地。歷史學家克洛伊・坎貝爾（Chloe Campbell）詳細介紹了英國的優生學運動如何成為「智能母艦」[10]，把優生學的意識形態和政策傳播到全球的殖民地。領導這些優生學運動的往往都是醫師與殖民官員，他們在世界各地創立了許多優生學組織。不過，這些殖民地的優生學政策內容，仍取決於當地人口的種族地位。舉例來說，種族進步研究肯亞學會（Kenyan Society for the Study of Race Improvement）是在一九三三年成立的。儘管此學會的名稱是「種族進步」，但相較於英國的優生學，此學會的目標其實是限制人口數量，而非幫助種族進步。由於肯亞的主要人口是黑人，導致白人官員認為心理缺陷不只會影響到勞動階級與障礙者，而且會影響到整個族群。

納粹優生學

高爾頓把生命的最後數十年奉獻在優生學上，於一九一一年逝世。此時他發表的書籍與文章已經超過三百四十篇，是舉世聞名的博學家。他在優生學方面的研究文章啟發了全球性的運動，參與者包括該世代首屈一指的政治家、科學家和哲學家。儘管如此，他仍很擔心他的觀點所觸及的人數不夠多。因此，他在人生的最後幾年一直在編寫一部名為《不能說在哪裡》（*Kantsaywhere*）的小說，描述的是一個名叫「不能說在哪裡」的烏托邦社會。這個社會以優生學作為治理規則，最重視的是操控居民的性行為。整個社會都努力想要培育出更健康、更聰明的人類，希望能讓整個種族進步，藉由前人無法想像的方式改善人類的生活。高爾頓希望他可以利用這本小說把這些觀點傳播給更多人。

雖然高爾頓滿懷希望，但他沒能活著看到威權優生政策帶來的成果，而且出版社對他的小說也興趣缺缺。事實上，這本小說一直到他死前都沒有出版，而在他死後，他的女兒毀掉了小說的絕大部分，她這麼做或許是因為書中有一些描述了性生殖的奇怪段落。在高爾頓逝世僅僅數十年後，威權優生學就抵達了必然的終點。不過，優生學抵達終點的方式和高爾頓撰寫的烏托邦版本天差地遠。儘管優生學這個意識形態是在英國被發明出來的，並在美國進一步擴張延伸，不過一直到希特勒與民族社會主義在德國崛起後，優生學才終於在實作方面來到了工業的規模。

希特勒在一八八九年出生於奧匈帝國，他是個奇怪的孩子，對他人滿懷憤怒，似乎無法承認自己的缺點。他一開始在維也納上學，是個平庸的藝術家。他受到自身的反猶太主義與威權主義的想法推動，越來越注意當時在義大利興起的新法西斯政治。本質上來說，當時的法西斯政治，是為了回應資本主義的社會危機而生的小布爾喬亞階級運動，法西斯把義大利與德國推往帝國主義，而非革命。兩國進一步發展與實施優生學政策，這一次的實施達到了工業規模。

希特勒在一九二一年成為國家社會主義德國工人黨（National Socialist German Workers' Party）的領袖之前，已經撰寫了許多有關優生學與種族主義的文章。他受到民族主義、種族主義和優生學的意識形態驅動，最後開始把社會視為一種有機體。在此觀點中，希特勒以接近高爾頓的模式，將社會中的個體互相比較，將個體區分成比較強與比較弱這兩種。由於社會是有機體，所以比較弱的個體會使得有機體變得更衰弱，而比較強的個體則會使有機體變得更強大。於是，那些無法符合納粹種族要求與經濟要求的人——也就是那些在心理與生理不符合基準常態的人——被當成了需要消除的寄生問題。

希特勒在一九三三年當選總理並迅速建立獨裁政權，由於他抱持著上述觀點，所以納粹黨很快就開始實施威權優生學的法律與政策。其中也包括了一九三五年的《預防遺傳病後代法》（Law for the Prevention of Hereditarily Diseased Offspring），依據該法的規定，有數千名神經多樣性人士都會被強制絕育，包括診斷出思覺失調症與認知障礙的人。而後，一九三九至一九四五年的Ｔ４行動（Aktion T4）又更進一步，他們找出了在他們看來阻礙了種族整體生物功能的人，進行大規模殺害。

現在回過頭去看，我們可以清楚看出這些行動，都是以種族主義與優生學意識形態為基礎。然而在當時的許多狀況下，人們都用科學的角度與高爾頓的研究方法和框架，來合理化這些大量殺害的事件。舉例來說，歷史學家羅伯特・普羅克特（Robert Proctor）指出：引用高爾頓的雙胞胎研究技術所進行的研究獲得了「大量資金」，並且「自稱他們證明了一切事物都有遺傳性，從癲癇、犯罪、記憶力和疝氣，到結核病、癌症、思覺失調症和離婚都包括在內」。[11] 人們也使用新的高爾頓心理計量和心理方法來決定哪些人比較弱小，哪些人比較強大，並由此決定誰應該獲得生活與生殖的權力。

在實務方面，高爾頓的理論幫助納粹合理化他們對心理疾患與智力障礙的孩子與成人所做的分級、評估與絕育，也合理化了他們在許多狀況下，對這些人、猶太人和納粹優生學政策的其他目標進行的大量謀殺。舉例來說，有學者認為光是在一九三九至一九四五年間的德國，就有二十六萬九千五百名罹患思覺失調症的人被絕育與謀殺。[12] 他們告訴認知障礙兒童的母親，說這些孩子是「無用的食客」，並要求醫師必須回報各種先天缺陷，從耳聾到唐氏症都包括在內。正如羅比森（Robison）[13] 所寫，他們「鼓勵家長把這些孩子送進住宿診所裡，並說這麼做對家庭與國家有好處。這些孩子在入住診所後，會因為毒藥、飢餓與暴露在危險中而被系統性地殺害。」納粹的醫師與政客把這件事描述成一種「種族衛生」問題，納粹黨認為身心障礙與「國家負擔」有關，並認為上述做法可以解除這種國家負擔。

事實上，自閉症這個詞是在納粹占領的奧地利發明出來的，並成為一種可診斷的疾病。這個詞是優生學家暨精神科醫師尤金．布魯勒在一九一一年發明的，但布魯勒一開始使用這個詞的時候，指的只是思覺失調症的一個暫時症狀。而後一直到納粹占領了奧地利，漢斯．亞斯伯格（Hans Asperger）才在一九三〇與一九四〇年代的研究中，把自閉症獨立出來，專指那些擁有獨特生存方式的人。在戰爭期間，人們往往期待男性應該表現出「士兵精神」並融入團體中，無法符合這種國家經濟要求的男孩子會被挑出來，視為具有病理症狀，並讓他們受洗獲得新名字：自閉症。當時納粹也認為有智力障礙的女性不適合生育，所以被診斷出智力障礙的女性也會被挑出來。由此可知，納粹用意識形態因素與經濟因素決定的性別常態，最先把自閉光譜描繪成一種獨特的生存方式，這種性別常態對自閉光譜產生了很大的影響。[14] 在這樣的背景下，漢斯．亞斯伯格與其他醫師開始把自閉症劃分成對於第三帝國（Third Reich）有潛在價值的人，這是因為他們認為自閉症會帶來強大的邏輯能力，而其他失去理智或具有身心障礙的無數目標，則會被絕育和殺死。

這些早期的優生學政策被稱為大屠殺的「第一章」，在這段期間，約有六百萬名猶太人因為納粹的種族主義意識形態被殺害，[15] 直到同盟國在一九四五年獲勝才停止。在同盟國獲勝之前，許多英國和美國的優生學家，都抱持著極大的興趣觀察納粹德國的優生學實驗。但是，隨著人們越來越理解大屠殺所帶來的恐懼有多駭人，自由社會對威權優生學政策的支持便急劇下降。同時，克雷佩林的生物精神醫學也因為和納粹優生學有關聯，而被視為有瑕疵的觀點。有鑑於此，佛洛伊德的精神分析和行為主義在一九五〇年代的美國與歐洲精神醫學界變成了主流，這兩種理論是當時的生物精神醫學中最主流的可用替代方案。我們將會在後面的章節談到這些論點，以及反精神醫學評論家提出的批判。

病理學典範

我目前已大致描述了二十世紀中葉以前，以心理健康與基準常態概念為核心的智力歷史與社會歷史。在健康理論中，我詳細介紹了核心轉變，一開始人們把健康視為平衡，而後認為健康是一種基準常態，而高爾頓的學說融合了達爾文與基準常態這兩種概念，開始把人劃分成各種等級。這些事情都發生在資本主義崛起的期間，資本主義帶來新的認知階級，有些人的認知傾向比較適合這種新的經濟組織模式，藉此逐漸累積財富。同時，人們發展出新的統計方法，逐漸把身體與心靈視為機械，使得資本主義崛起期間發生的事得到了科學式的合理化。

病理學典範的核心假設是：個體的心理功能與認知功能都源自天生的能力，人們可以依據整個人類物種的統計常態來排出個體的相對階級。雖然在高爾頓之前就有人提過平均數與常態身體的概念，但我認為高爾頓才是真正創造了病理學典範的人。沃克描述道：「病理學典範指的就是讓符合神經基準的心智登上王位，成為一種理想『常態』，與之相對的是每一個受到衡量的其他類型心智」。[16] 這種觀念與大規模常態化，都是在高爾頓的手中正式確定的。

我想在這裡清楚說明，儘管我剛剛聚焦在威權優生學上，但我並不認為優生學理論等同於病理學典範理論。正如我們先前讀到的，高爾頓在提出優生學的進一步概念的數十年前，就已經發展出典範的基礎了。因此，儘管這兩個論點的關係密切又共同成長，但其實並不相同。兩者的不同之處在於，病理學典範不一定會主張能在群體層級改善種族或物種的想法。病理學典範只是分享這個基本概念：我們可以用心理功能來把人分成不同階級，階級越高就越令人想要進入。因此，這兩種概念關係緊密，但又彼此不同。理解這一點是很重要的一件事，這是因為在常態帝國中，這種理論和意識形態有無數種表現方式，而且這些表現方式或多或少都有點隱晦，然而這些表現方式的基礎並不是為了讓種族或物種有明確的進步。事實上，在同盟國獲勝後，許多優生學的教授和研究人員只是轉換部門和角色而已，但他們做的事卻和過去別無二致。舉例來說，「優生學」（eugenics）變成了「遺傳學」（genetics），就算遺傳學被視為個人醫學問題，而不是種族問題，但這個學科的焦點仍是消除異常。

事實上，正如我們將在接下來的章節看到的，二十世紀的主流學說變成了新的福特主義（Fordist），而後又變成了新自由主義，兩者都是基準常態的意識形態，並在後來與不同科學領域的病理學常態反覆迭代改良。儘管在多數狀況下，這些理論的基礎並不是在有意識地追求種族的進步，但它們仍和早期的病理學模型一樣，立基於抽象假設。因此，這些論述將會繼續具體化一套限制更深的認知階級，隨著資本主義持續強化與發展，這套認知階級也會逐漸浮現。

第5章
反精神醫學的迷思
The myths of anti-psychiatry

反精神醫學人士認為，只要否認心理疾病這個事實，
就可以把心理疾病簡化成單純的「標籤」，
也認為只要關閉所有精神病院就可以為病患帶來自由。

納粹主義造成的重大影響之一是：大量猶太人和納粹意識形態的其他目標，都在一九三〇年代逃離了歐洲大陸。在這場大規模逃離中離開的包括一些已經是或未來將變成傑出藝術家、哲學家和科學家的人，他們逃到了英國、美國和其他地方。我們接下來要介紹的兩個男人便是如此，他們分別因為納粹的威脅而逃離了歐洲。這兩人都在一九三〇年代晚期離開歐洲，其中一人是當時已經聲名遠播的精神學家暨治療師，他的理念在不久後成了美國精神醫學的主流思想。另一個人是當時還沒沒無聞的青少年學生，但隨著時間的推移，他開始批判前者的研究方法，並成為最有影響力的評論者之一。他在追逐這個目標的過程中，幫助社會大眾找到了一項社會運動的核心思想，並在一九七〇年代使精神醫學嚴重受挫。

這兩人中較年長的是佛洛伊德（Sigmund Freud）。佛洛伊德在一八五六年出生於奧地利帝國的弗萊堡（Freiburg），由父母親帶大，他的父親是性格謙遜的羊毛商人，母親是聰明機智的家庭主婦。佛洛伊德在學生時代非常勤奮，因而得以進入維也納大學（University of Vienna）接受醫師與神經學家的訓練。他在畢業後開始進行一系列的研究計畫，其中也包括了古柯鹼和催眠在治療方面有何效果的早期實驗。不過，真正使他千載揚名的是他發明的「精神分析」（psychoanalysis）。精神分析是一種理論與方法，主要目的是分析佛洛伊德所謂的「無意識」心智，他使用精神分析為心理神經症狀研發出了「談話療法」。這種療法後來在全世界多數地區的精神醫學界與心理學界中成了主流學派。

兩人中較年輕的則是湯瑪士・薩茲，雖然他從沒和佛洛伊德見過面，但花了絕大部分的人生反對佛洛伊德的思想與研究。薩茲在一九二〇年出生在匈牙利帝國的布達佩斯（Budapest），家裡的經濟程度中上，父親經營的是生意興隆的農業公司，他是由父母和家庭教師帶大的。他們一家人在一九三八年因為納粹主義的興起，不得不逃到美國。因此，薩茲在十八歲時為了逃離而橫越大西洋，當時佛洛伊德在倫敦度過了最後幾個月。薩茲則是在美國學習醫學，構築自己的生活，並在後來成為精神醫學界最具影響力的評論家之一。

雖然當時的人不接受佛洛伊德的多數研究，但他如今被稱為精神分析與心理治療之父，也是精神醫學和心理學歷史中很重要的人物；而薩茲則正好相反，成了「反精神醫學者」中最有影響力的人物。雖然他自己不接受「反精神醫學者」這個詞，但人們通常會用這個詞來指稱一群製造麻煩的精神科醫師與社會理論學家，並且有一群人在一九六〇與一九七〇年代對精神病理學提出質疑，這些人包括蘇格蘭精神科醫師隆納・連恩（Ronald Laing），他認為思覺失調症是因為家庭狀況令人痛苦而做出的合理反應，還有加拿大社會學家厄文・高夫曼（Erving Goffman），他認為精神病院是一種「全控機構」（total institution），診斷則是一種「標籤」，以及法國哲學家傅柯，我們已經在前面的章節討論過他的看法。

雖然薩茲和佛洛伊德的觀點有很多根本上的不同之處，不過兩人除了宗教背景與職業之外，還有許多共通點。他們兩人都深刻影響了一九六〇年代晚期的反文化運動，也都提出了有關心智、心理健康與整體社會的重要理論。事實上，兩人的理念與論點所帶來的影響力極高，直至現今還是每天都有人引用他們的觀點，有些人甚至不太清楚這些觀點的出處。而且他們兩人也都參與了國家與所謂的心理疾病患者和障礙者之間的大規模衝突，這種衝突一直延續至今。為了理解這個現象，我們接下來要介紹的就是佛洛伊德、薩茲和他們象徵的大型社會運動。

佛洛伊德的勝利

正如我們在前面章節討論過的，在人們更加理解大屠殺後，支持自由主義的人大多認為克雷佩林的生物精神醫學有瑕疵。優生學主義者潛逃到遺傳學界和心理學界，在不涉及種族進步的情況下，為他們的研究重塑形象。佛洛伊德的狀況與克雷佩林相反，他是猶太人，為了躲避納粹的迫害而從維也納逃到英國，納粹則因為反猶太主義而嫌惡他的研究。因此，他的研究沒有因為牽扯到納粹主義而出現瑕疵。此外，那段期間各國都出現了大規模的集體創傷，而佛洛伊德的研究，能幫助眾人瞭解二戰的恐怖所帶來的相關心理傷害。這是因為佛洛伊德做的事不是檢查大腦與統計分析，他感興趣的是人類遭受的苦難，以及致力在解釋這種苦難如何連結到人類的無意識驅動力、創傷或早期童年經歷。

事實上，佛洛伊德的研究方法不僅對治癒心理問題似乎有效，也對於更大規模的理解社會有幫助。佛洛伊德在一九二九年的著作《文明與缺憾》（*Civilization and its Discontents*）初次體現了這一點，他在書中討論社會對於從眾的需求、個人的性本能以及侵略本能之間的緊張關係。佛洛伊德的支持者威廉·賴希（Wilhelm Reich）在一九三三年的重要著作《法西斯的群眾心理學》（*The Mass*

Psychology of Fascism）[1]中主張：佛洛伊德的理論也可以用來解釋集權主義的興起。有些人因此認為，精神分析甚至可以幫助全世界的人不再重複大屠殺這種恐怖行為。還有些人利用佛洛伊德的理論來推動產品銷售並影響大眾認知，例如佛洛伊德的姪子暨公共關係之父愛德華・伯內斯（Edward Bernays）。伯內斯毫不害臊地為他稱作「政治宣傳」的科學發展做辯護，這種政治宣傳對資本主義者和政府都很有幫助。這些發展——以及我們稍後會提到的行為主義——使得佛洛伊德的方法成為心理學界與精神醫學界中首屈一指的模型。這些理論不只幫助人們瞭解心理疾病，也幫助人們大幅增進了對兒童發展與人類心理的瞭解。

在論及精神醫學時，雖然一九四〇年的美國只有少數移民的精神分析師，不過佛洛伊德的方法將會在一九五〇年成為主流學派。在多數大學的精神醫學系所中，精神分析師逐漸變成主導者，精神分析理論迅速地開始影響其他領域，也包括藝術界與文化界。而在這段期間，美國在廣島投下了核彈，成為無人能否認的新興世界強權。美國的權力在一九四八年又有了大量增長，當時美國捐贈了超過一百三十億美元，幫助歐洲和土耳其重建多數區域，而作為交換的是：美國獲得了更多影響力與經濟主導能力。就這樣，隨著歐洲的舊帝國傾頹，美國精神醫學在科學界與文化界變得越來越重要。有鑑於美國帝國主義的影響力越來越高，精神分析不只在美國建立了暫時的霸權，在其他國家也一樣。

值得注意的是，儘管佛洛伊德的理論確實很依賴達爾文對於本能和驅動力的理解，不過從某種程度上來說，佛洛伊德也短暫帶回了心理健康就是平衡的觀點。這是因為佛洛伊德認為心理疾病源自於意識的驅動力與無意識的驅動力之間的不平衡狀態，這種想法很可能是受到古埃及的類似概念所啟發。舉例來說，某些特定的驅動力可能會因為社會壓力或創傷經歷而受到壓抑，這會導致內在的不和諧，進而使精神感到痛苦。佛洛伊德的精神分析與分支在這方面的見解，帶來了生物中心方法所缺少的多個重要觀點。這些觀點大多涉及了精神的運作、無意識驅動力與本能所扮演的角色，以及童年發展與人際動態的狀況。

這也帶來了一種全新的治療方法：佛洛伊德花了很多時間在患者身上，他幫助患者說出他們的問題，希望能藉此解決他們的內心衝突。而後，他在文章中記述與分析這些案例，許多臨床醫師與受過教育的社會大眾都讀了相關文章。長年實施下來，佛洛伊德的方法幫助了許多痛苦的人，除了談話療法外，還引入了新的架構與詞彙，讓人們面對自身的創傷、幫助他們釐清童年問題，並解決緊張的家庭關係。

儘管佛洛伊德提出了許多傑出的看法，但他的追隨者占據優勢的時間並沒有持續太久。原因不只是他的許多追隨者在教學與實務中變得獨斷獨行，這種現象在佛洛伊德於一九三九年去世後特別明顯。原因還包括沒有嚴格的科學測試能確立精神分析介入治療的效果。雖然上述兩件事都是嚴重的問題，不過還有一個原因在於，佛洛伊德在拓寬心理疾病的界限時，使用的方法也幫助精神醫學在最後擴大了控制範圍。舉例來說，佛洛伊德一九〇六年的書籍《日常生活的心理病理學》（*The Psychopathology of Everyday Life*）中指出：幾乎每一個人都有一點神經方面的問題，而且我們可以在日常生活中檢測出這種狀況，例如想不起某些字詞或者無意識的動作。[2] 這代表的是，精神分析師現在要開始負責治療大量問題，其中有許多是過去被視為日常生活中令人苦惱的問題，而這些問題以前被歸類在神父負責的範圍內，而不是醫師的。

真正健康的人與「擔心自己身心但其實很健康的人」之間的界限被拓寬，變得模糊，除此之外，許多美國的心理分析精神醫師後來接管了精神病院，但卻沒有執行改革，許多野蠻的行為與濫權的狀況仍然和以前一樣。因此對於批判精神病院的評論家來說，在現有的國家監禁系統裡，精神分析師變成了共犯。人們在這段期間注意到，父權化、種族主義化與異性戀常態化的權力關係，越來越清楚地出現在「社會大眾認為哪些人罹患了心理疾病」以及「如何詮釋這些疾病」這兩個現象中。女人因為挑戰父權主義而被認為在病理學上罹患了「歇斯底里症」，非裔的男人與女人則因為反抗種族主義而被貼上了「抗議精神病」的標籤。針對這個系統的批判者開始分析「精神分析」的概念基礎與科學基礎，並主張精神分析缺乏充分的科學基礎與證據。

到了一九六〇年代末期，精神病倖存者、醫療專業人員、研究人員、患者和數量更多的社會大眾，將會因此越來越懷疑佛洛伊德的精神醫學。隨著時間的推移，這些不安情緒轉移到了反精神醫學運動上，薩茲的研究是其中之最，這場運動不但激烈批評了精神分析精神醫學，也批判了「心理疾病」這個概念，反精神醫學者認為：精神醫學的力量正是來自心理疾病的概念。

薩茲談心理疾病的「迷思」

為了更詳盡地理解這方面的發展，且讓我們回到一九三八年，那是佛洛伊德去世的前一年，也是薩茲抵達美國的年份。薩茲安頓好後，進入辛辛那提大學（University of Cincinnati）研讀物理，而後研讀醫學，以頂尖成績畢業。薩茲在後來指出，他在學生時期就已經懷疑精神醫學並不是醫學的真正分支了。由於他是堅定的自由主義者，所以他也堅定地反對非自願監禁與多數精神病院的狀況。

雖然薩茲堅持異議，不過他一開始其實想成為獨立的精神科醫師。雖然他不認為精神分析是科學或醫學的分支，但他明確區分了他所謂的「合意心理分析」和「偽醫學心理分析」。用他的話來說，前者是一種「私密對話，通常能幫助人們解決個人問題，並幫助他們提高應對能力」。[3] 而相對地，「偽醫學心理分析」則被錯誤地稱為科學介入療法，醫師用這種分析法來合理化他們違反患者的意願而將他們關起來的作為。[4] 後者將客戶定位為需要接受治療的病患，薩茲認為這是一種偽裝成科學的社會控制方法。

儘管薩茲不相信精神醫學是一種醫學科學，但他仍必須完成醫學課程，才有資格開私人診所，進行精神分析。因此，他在辛辛那提綜合醫院（Cincinnati General Hospital）擔任精神科住院醫師，而後又在芝加哥精神分析研究所（Chicago Institute for Psychoanalysis）工作了好幾年。在這段期間，他沒有大聲宣揚自己對精神醫學的看法，這是因為他知道公開批評可能損及職業前途。在這之後，他在一九五六年進入紐約州立大學（State University of New York）擔任教授，在這裡度過剩下的職涯。他因此獲得了寫作所需的穩定生活，蟄伏多年後，他開始發表批判精神醫學的文章。

學生和同事很快就聽說了這位機智敏銳又充滿魅力的教授。但一直到他在一九六〇年發表了文章〈精神疾病的迷思〉（The Myth of Mental Illness）之後，他才變得聲名大噪——或者惡名昭彰——他在隔年又出版了同名的暢銷書。儘管他在數年前已經發表過一篇力道較小的批判文章，但他在一九六〇年的這篇文章中，才真正針對自己的專業做出滔滔不絕的反傳統解析，同時也隱晦地批判了他的數名前任導師與現任同事。這些早期的作品，勾勒出了他在餘生中繼續發展的核心論點，自此之後，這些論點成了許許多多人批判精神醫學的基礎。

薩茲的論點[5]同時含括了歷史觀點與哲學觀點，因此理解這兩個面向，能讓我們更瞭解反精神醫學的發展。他在論及歷史時指出：「心理疾病」是一八〇〇年代提出的一種隱喻，但隨著時間的推移，精神醫學界已經徹底忘記心理疾病是一種隱喻了。這個錯誤使得精神醫學在遇到心理疾病時的態度，就像是在面對真正的醫療問題一樣。首先，他們試著在大腦裡找出心理疾病並進行治療，但事實上並沒有證據指出多數的心理疾病具有生物學基礎。接著，他們將談話療法概念化，好像這是一種醫學療法一樣，但談話療法其實只是一種社會支持的方法，沒有其他意義。薩茲認為，雖然談話療法有時候是很有效的，但卻會給予精神科醫師不合理的社會定位，允許他們以尚未發生的罪行為理由，把人監禁起來，而且這些罪行可能本來就不會發生。因此，對薩茲來說，心理疾病的概念以及各種特定的精神病診斷（例如歇斯底里或思覺失調症）已經隨著時間的推移，變成了精神醫學合法化的手段了，國家賦予精神醫學原本不應擁有的醫學尊重，並藉此控制人民。

而在哲學方面，薩茲主要批判的是人們在呈現「心理疾病」時，既沒有一致性，也沒有實證性。其中最重要的是，薩茲在批判心理疾病時，並沒有質疑生物學常態或神經常態的概念——這就是他和後來的神經多樣性支持者之間的顯著差異。事實上，若人們假設生物學常態的概念具有科學性與客觀性的話，反而還更能支持薩茲的批判。他的論點所反對的，只有心理疾病或心理障礙中的「心理」這一部分。他認為，若沒有已知的神經異常或其他生物學異常來支持心理問題，那麼這個問題就不是醫學問題了，而只是「生活中的問題」。

因此，從根本上來說，薩茲的論點基礎是他所謂的「客觀的身體醫學」與「以價值為主觀的精神醫學」之間的對比。以他的觀點來說，所有公認的「疾病的概念」都應該依據標準原則「代表一種異常，偏離了明確定義的基準常態。在身體疾病中，基準常態指的是人體具有完整的結構和功能」。[6]他特別提出了病變造成的細胞病理學結果，作為醫學異常的典型案例。由於薩茲認為常態身體的概念不受時間影響，且具有客觀基礎，所以他也認為身體醫學（somatic medicine）與其常態概念「不會受到倫理價值的廣泛差異所影響」。[7]

他認為，被稱為「心理疾病」的事物則正好相反，心理疾病與身體疾病截然不同。他寫道，這是因為「論及心理疾病時，若要衡量這些偏離常態的行為，我們使用的是『心理社會和道德的規範』」。[8]也就是說，精神科醫師在判斷一個人是否喪失理智時，取決於醫師的主觀判斷，而不是客觀的生物測試。於是，我們可以在這個論點中看到，精神分析精神醫學的基礎就是一種迷思，這個迷思是「心理疾病是一種真正的疾病」，相較於醫師判斷身體醫學常態的方式，醫師在對心理疾病做精神分析時的依據缺乏客觀性。[9]

反精神醫學的政治

薩茲在接下來數十年的一系列著作中，詳細闡述了自己的論點，值得注意的是，這些論點並非毫無爭議。他的第一本書引起極大的異議，也使同領域的成員做出快速反擊。第一波反擊是他馬上就被禁止教書了，接著他的同事開始討論他是否該被解僱。論及他的主張時，有些人針對他的看法做出了更加縝密的批判，指出他的論點基礎是不可靠的：他二元分類了身體與心理、神經學與心理學、生活問題與疾病問題。這不只是理論方面的問題。若人們認真看待薩茲的分析，那就代表他們要排除掉的疾病，包括了眾人認為診斷出來後能帶來幫助的疾病。舉例來說，由於醫學界尚不清楚頭痛和叢發性頭痛的病理生理學，而且症狀都是「生理性」的，所以在薩茲的框架中，這些疾病並不是值得支持性治療的真正醫學病症。

從這方面看來，許多當時的患者（以及如今的患者）都認為，把他們的心理問題視為精神疾病或障礙對他們有幫助。也有許多人認為國家與專業領域的支持是很有幫助的，但若人們廣泛接受了薩茲的觀點，這些支持將會消失。更重要的是，這些批評不只來自患者，也來自其他反精神醫學者。義大利反法西斯主義者佛朗哥・巴薩格利亞（Franco Basaglia）和同事研發出一種辯證式的唯物主義分析法，用來解放義大利第里雅斯特（Trieste）精神病院中的被監禁者，打造更人道的心理健康支持系統，拒絕接受薩茲的看法。對他們來說，否認精神疾病顯然是很愚蠢的一件事。巴薩格利亞學派的人和薩茲不一樣，他們與經歷過極端心理健康問題的患者合作，並認為這些問題是一種疾病，而非日常生活中的痛苦經歷。同樣地，一九七〇年代在西德十分活躍、態度基進的「社會主義患者組織」（Socialist Patients Collective）認為，雖然心理疾病主要是由資本主義的統治與壓迫導致的，但心理疾病的存在也是不可否認的事實。

儘管這些馬克思主義的批判者紛紛提出警告，認為薩茲的論點以極度保守的態度否認了心理疾病，但薩茲的論點很快就產生了極大的影響。上述討論的是薩茲對自由主義右派的影響，也就是薩茲本人所支持的派別，但與此同時，不同政治光譜的人也同樣受到衝擊。隆納・連恩等中間偏左派的反精神醫學者，以及共產主義者大衛・庫伯（David Cooper）等極左派人士都十分支持薩茲的許多觀點，並自行發展出一些對於發瘋的分析方法，常在這些分析法中討論薩茲的研究。事實上，正是庫伯在一九六七年創造出了「反精神醫學」這個詞，他運用這個詞，把薩茲、連恩和該年代的其他反精神醫學反抗軍團結在一起。[10]雖然整體來說，反精神醫學運動具有多樣化的觀點，但薩茲引人入勝的文筆、精確的論述和強而有力的用語，仍使他成了這個運動中最主流的反抗敘事者。

特別是在一九六〇年代後期，當時許多反文化運動與民權運動在美國與國外各處遍地開花，人們廣泛接受了各種以女性主義、同性戀權利與非裔民權為主軸的運動，也接受了反精神醫學。舉例來說，一九七六年，倫敦舉辦了著名的解放辯證大會（Dialectics of Liberation conference），許多反精神醫學人士共聚一堂，包括連恩、庫伯、新左派知識份子赫伯特・馬庫色（Herbert Marcuse）與泛非洲主義者斯托克利・卡邁克爾（Stokely Carmichael），出席的還有許多當代的傑出基進思想家。[11]接著，反精神醫學的理論與概念在一九六八年的許多改革與抗議中成了核心。正如麥可・史塔布（Michael Staub）所寫的，到了一九七〇年代早期，人們在「描述薩茲的觀點時，不再需要提起他的名字，那時候他的觀點就是這麼『普遍』又廣為接受」。[12]甚至在文化理解與精神疾病相關的法律方面，引發了史塔布所說的「革命」，[13]其中一項重要原因即在於：根據薩茲的論點，精神障礙辯護（insanity defence）是無效的辯護方式。

我們可以看到一些流行的虛構作品採用了薩茲式的主題，並將之通俗化。一九七五年的電影《飛越杜鵑窩》（*One Flew Over the Cuckoo's Nest*）改編自肯・凱西（Ken Kesey）在一九六二年出版的同名小說，這部電影非常受歡迎，甚至在五項最主要的奧斯卡獎中大獲全勝。電影主角是傑克・尼克遜（Jack Nicholson）飾演的藍道・麥墨菲，開頭就是麥墨菲為了避開牢獄之災而假裝發瘋，於是被送進了精神病院。他進入的精神病院充滿了友善的收容人，但這些收容人都被冷酷又工於心計的員工所控制與脅迫。麥墨菲遭受虐待與控制後，計劃要反抗員工並解放所有患者，但他卻被抓住了，被做了腦葉切除手術——這樣的命運遠比鋃鐺入獄還要更糟糕。我們可以在這部電影裡看到薩茲式分析法中的各個核心：心理疾病是一種幻覺、精神科醫師無法分辨真生病與假生病，以及精神醫學是一種社會控制，只不過偽裝成了照顧的手段。

此處很重要的一點是要強調，薩茲式觀點之所以會有這麼大的影響力，關鍵因素是他在患者治療方面指出的多數問題都太過真實了。舉例來說，精神病院對收容人的治療方式非常糟糕。影響力極大的倖存者運動支持者茱蒂・張伯倫（Judi Chamberlin）指出，醫院就是「監獄」，裡面「沒有電話、每週只允許兩次訪客探視，而且病房的門打開時會伴隨著蜂鳴聲」。[14] 許多精神病院常會拒絕給予患者基本人權，他們被綁起來並施加野蠻的治療，例如腦葉切除術，也就是切除患者的部分大腦，讓病患變得更服從。同時，精神科醫師也常認為女性罹患歇斯底里症、非裔民權抗議者是精神失常，而同性戀者是天生就生了病，這些觀點在在加強並隱藏了具有優勢的族群支配社會的方式。

因此，大量行動主義者與社會大眾越來越關注「精神醫學過度介入」這項問題，他們認為這些介入其實是一種社會控制，正在合理化侵犯人權的行為與壓迫的系統——這樣的關注本身是很正確的。由於此時佛洛伊德學派已經擴大了病理學的界限，接下了管理精神病院的責任，所以他們得負責面對這些關注。而後，儘管反精神醫學支持者的分析充滿了錯誤與過度簡化，但上述發展再加上廣受歡迎的虛構作品帶來的推波助瀾，人們廣泛接受了反精神醫學的觀點，藉此化解他們對於精神醫學的擔憂，而這種擔憂當然也是可以理解的。

這個發展帶來的結果是，對於當時、甚至現今的許多人來說，在論及精神失常與精神障礙時，核心問題似乎不只是精神醫學本身，連「心理疾病」這個概念也是核心問題，更不用說精神醫學中的核心力量來源——精神醫學診斷。對薩茲與其追隨者來說，這種結果在實務上帶來的啟發是：所有心理疾病表現出來的症狀，都應該被重新分類在非醫學的「日常生活問題」中。薩茲學派認為，在人類感到痛苦的各種原因中，「心理疾病」並不是一個獨立類別，剔除了心理疾病後，他們就可以徹底破壞精神醫學正當性的根本概念。在他們看來，病患遭受的社會控制並非源自資本與國家，而是源自心理疾病這個概念本身。

精神病院停業

反精神醫學的支持言論帶來了深遠的影響。我們會在稍後的章節回過頭來檢視反精神醫學如何影響我們對精神障礙的理解。在目前的章節中，最重要的或許是反精神醫學改變了社會大眾的觀感後，推動了一九五〇年代迅速出現的一項重大改變：精神病院停業。儘管打從十九世紀以來，許多精神病院的收容人與他們的支持者，都大力提倡關閉或改革精神病院，不過，反精神醫學的支持者提出的論點更加深入，大幅改變了社會大眾的看法。美國的薩茲等偏向自由主義右派的反精神醫學者抱持著傳統觀念，而義大利反法西斯主義者佛朗哥·巴薩格利亞雖然站在截然不同的角度進行分析，但這兩派人馬都認為關閉或改革精神病院可以讓這些患者獲得自由，擺脫這個社會（至少從十八世紀以來）一直針對精神異常與精神障礙者的高壓脅迫和社會控制。因此，此時才會如同安德魯·史考爾所寫的那樣，出現了「一個特殊的政治聯盟，主張解散國家醫院。左派極力反對國家把精神病患者監禁在類似監獄或雜物倉庫這樣的地點」。但是，「右派則秉持放任自由主義，他們痛恨任何形式的政府支持服務，再加上這麼做能達到財政節約，所以他們也覺得關閉國家醫院是令人無法抗拒的要求」。[15]

出於同樣的道理，流行書籍與廣受好評的媒體報導結合起來，使大量民眾同時興起了極高的同情心，認為應該把精神病院轉變成「社區」照護。社會大眾的基本概念是：精神病院的前收容者會回到他們的社區並得到支持，至少能過上相對平凡的生活，不會受到脅迫和控制。政府開始制訂與實施和這項轉變有關的政策。到了一九七〇年代末，幾乎所有精神病院都停業了，許多老建築因而被賣掉或放著閒置。接著，精神病院的許多前收容人都重獲自由，回到原本居住的社區。有些前收容人已經在精神病院的牆內度過了大半人生。對於薩茲學派的支持者來說，似乎終於要抵達自由的終點了。

然而，儘管反精神醫學者懷抱著很大的希望，但事實越來越清楚：他們造成的影響無法帶來大規模的自由解放。確實有一些精神病院的前收容人成功回到自己的社區中。在少數特定的區域，有臨床醫師開發了可行的替代方案，而且前收容人接受社區照護的過程也很順利。最值得注意的是位於義大利第里雅斯特的巴薩格利亞和同事，他們確實為回到社區的患者研發出了有效的替代方案，
[16] 他們的系統沒有上了鎖的門，還會有敬業又充滿愛心的員工密切照顧患者的需要。

但在大多數情況下，包括歐洲大部分地區和美國，精神病院的關閉通常對前囚犯沒有幫助。正如彼得・塞奇威克（Peter Sedgwick）於一九八二年在英國寫下的紀錄：

> 在英國和美國，「**社區照護**」和「**取代精神病院**」都是用來掩飾的標語，事實上，真正能提供給精神病患者的服務正在持續減少：在監獄與公共臨時住處中，男性缺陷者、智能障礙者與心智

衰退者的數量不斷累積；資源不足的不只是當地政府提供給精神障礙者的住宿空間，還包括日間照顧中心與技巧熟練的社會工作者；數千名精神病患被丟進原生家庭這種孤立無援的環境裡，這些家庭提出種種申請卻徒勞無功，這些申請包括再次把患者送進醫院（甚至暫時安置）、諮商或支援服務，但他們連最基本的資訊與建議都無法取得。[17]

許多前收容人幾乎找不到工作，開始使用非法毒品或進入罪犯化的行業，最後違反法律並鋃鐺入獄，這呼應了薩茲的敘述：他們寧願入獄也不要待在精神病院。歷史學家安・帕森斯（Anne Parsons）[18]的近期研究指出，在精神病院停業後，監獄產業複合體出現了大規模的成長。如今監獄關押的不只是過往通常的主要對象——精神病院的白種前收容人，包括許多精神失常與精神障礙者，也關押了更多精神失常與精神障礙的黑人。

許多比較年輕的前收容人會轉而進入監獄，同樣的道理，許多較年老的前收容人會轉而進入安養院，而安養院的自由程度也沒有比精神病院更高。正如安德魯・史考爾寫下的紀錄：

光是在一九六三至一九六九年間，居住在安養院的精神障礙年長患者就增加了近二十萬，從十八萬七千六百七十五人增加到三十六萬七千五百八十六人。到了一九七二年，有些較年輕的患者也進入了療養院，住在安養院與住宿護理院的精神障礙人數上升到了六十四萬人，兩年後更是增加到八十九萬九千五百人。[19]

這些安養院也一樣是監禁體制，絲毫不遜色於監獄和精神病院。安養院中也出現了精神病院裡的虐待行為，有時甚至比精神病院更糟。事實上，近期研究指出，就算安養院中沒有虐待行為，新入住者往往會是院中較年輕的一群，如果他們有心理疾病，會有較高的可能性變成長期入住者。[20]現在回過頭去看，很顯然地，反精神醫學並沒有幫助患者擺脫社會控制，只是推動他們從前一種監禁體制轉移到另一種監禁體制中，而後者往往沒有比精神病院更好。

事實上，正如史考爾[21]詳細描述的，後來人們甚至注意到，支持「反精神醫學」對許多州來說甚至還能節省支出。由於人權和社會福利不斷成長，各國的財政自從一九六〇年代起就承受了很大的壓力，導致許多國家的政府認為，剩下的精神病院浪費了過多的支出與資源。以美國為例，多數問題到了最後都是由特定州政府運籌帷幄，將成本轉嫁給聯邦政府。[22]許多年長收容人搬進安養院不是因為醫學方面的理由，而是因為財政問題，他們搬進安養院也就代表了國家不用替精神病院僱用更多員工。事實證明了，薩茲的意識形態在這方面幫助的是統治階級，而無法協助社會大眾對抗優勢體制。

我們將會在接下來的章節看到，在同一時期，人們更容易申請基本社會福利，也更容易取得新的精神科藥物，這也使得「關閉最後一批精神病院」變成了具有經濟可行性的道路，無論精神病院的倖存者能否得到足夠的社區支持服務或進入替代機構都無關緊要了。要說起來，關閉精神病院對於一九七三年後的政府特別具有吸引力，在這段期間，資本主義總是規律引發的其中一次危機，帶來了一波驚人的經濟衰退與大規模的失業潮。因此，在一九六〇年代晚期與一九七〇年代，隨著反文化運動逐漸興起，反精神醫學提出的批評，確實使得輿論開始反對精神病院以及心理疾病的概念。不過，這些精神病院之所以會一間接著一間關閉，除了輿論認為要讓患者回到社區之外，減少國家成本也是一大原因。而薩茲學派對於精神疾病的真實性所抱持的懷疑態度，也變成了合理化「精神病院停業」的絕佳理由。

薩茲和病理學典範

我們在此應該注意的是，精神病院停業、無家者和監禁之間的關係並不是表面看上去那麼簡單。正如莉亞特・班—莫沙（Liat Ben-Moshe）[23]言之鑿鑿的描述，精神疾病患者不但容易成為無家者或受刑人，另一方面，無家狀態與入獄服刑也會引起精神疾病。她還指出，有些非薩茲學派支持者推動的「廢除精神障礙者」帶來了更大的成功，導致更多前收容人成功回到社區。班—莫沙認為，我們應該在聽到「具有心理疾病的人只能選擇受到監禁或無家可歸」這樣的論述時謹慎看待。她強調，警覺的態度很重要，如此一來我們才能意識到問題的根本並不是要廢除國家精神病院。

然而我們仍不能否認，事實上，源自薩茲研究的最主流英美反精神醫學派會誤導民眾，且沒有在政治方面成功達成該學派的主要解放目標。若要理解反精神醫學之中的分析缺陷，可以先瞭解馬克思主義心理學家彼得・塞奇威克的看法，在當時的反心理醫學運動中，塞奇威克是見解最深刻的評論家。塞奇威克認為，有很大一部分的問題出在薩茲的論點，是由他的強硬右派自由主義政治傾向所驅動與製造出來的。正如塞奇威克所說，薩茲的世界觀是超個人主義（hyper-individualistic），對他來說，每個人都擁有完整的責任和自由，他深信國家應該允許人在生活的每個方面都做出自己的決定。薩茲坦率地指出，這個觀點打從一開始就是他做研究的驅動力，他甚至曾寫信給新自由主義之「父」——經濟學家弗里德里希・海耶克（Friedrich Hayek）。他在書信往來中驕傲地指出自己是海耶克的「門徒」，並強調海耶克學派的世界觀如何影響了他對精神醫學的批判。[24]

特別值得一提的是，這套世界觀使薩茲更加深信：那些認為自己罹患「精神疾病」的人之所以會扮演「生病者」的角色，是為了避免在日常生活中承擔起解決問題的責任。自由資本主義者長期以來一直擔心所謂的「詐病者」——也就是為了避免責任而假裝生病的人——而海耶克學派的哲學或許會使這種想法變得更加根深柢固，這是因為這一派的哲學把個體放在一切事物之上。因此，從本質上來說，薩茲認為患者是道德感低落的撒謊者，他們只是假裝生病，而不是需要醫療協助的病人。對薩茲來說，精神疾病的「迷思」，是同時由病人和精神科醫師一起創造出來並延續下去的。他在二〇〇八年的著作《精神醫學：謊言的科學》（*Psychiatry: Science of Lies*）寫道，「所謂的精神病罹患者」其實都是在「假裝自己因為不存在的疾病而失能」。[25]

雖然許多遭受錯誤病理化的患者認為薩茲的分析方法很有幫助，但若我們接受這套分析，代表的不只是我們認為應該廢除國家支持與精神疾病診斷，以致受到這兩項措施幫助的人失去這些資源，更代表我們主張所有心理疾病其實都是患者為了避免在日常生活中承擔起解決問題的責任，而對自己與他人說謊。更具體地來說，如果某人在精神失常的狀態時犯了罪，而且罪行來自他們的行為，那麼社區和國家施加在他們身上的懲罰，應該要等同於冷血狡詐的罪犯所接受的懲罰。因此，我們也無需意外薩茲的主張同樣意味著「精神障礙辯護」是無效的。他對於個人責任的看法，推動了他創造出有關精神疾病的理論。

薩茲學派的研究計畫在這方面的目標，是回到更保守的、醫學前的世界觀，在這樣的世界觀中，我們現在所謂的心理疾病會被劃分在「道德領域」，而非醫學領域。因此，從薩茲學派的角度來看，從精神病院轉移到監獄是期望中的結果，而非不成功的副作用。從其他方面來說，薩茲在政治方面預期的是新自由主義，而後新自由主義也確實在一九七九年開始興起。畢竟根據海耶克的觀點，現代人從左派轉向集體主義後，會變得更軟弱，因此，用他自己的話來說，「獨立、自立更生又願意承擔風險」的美德，如今已經「不太受推崇，也沒什麼人實踐了」。[26] 毫無疑問地，薩茲不僅接受了海耶克式的新自由主義，也接受了上述這種道德敗壞的論述，因而認為現代人較不擅長處理日常生活中的問題。他因此把所有心理健康的患者都視為詐病者，並認為這些詐病者是因為不想為自己的行為負責，所以發明了一個嶄新的概念：精神疾病。這種觀點之所以能吸引大量認同，是因為這樣的看法符合更廣泛的資本主義式個人主義，而這種個人主義，將會在全球都採用海耶克式政治見解的一九八〇年代達到最高峰。

除此之外，塞奇威克還指出，薩茲和許多同樣反精神醫學的人士都很依賴反政治化，也都試圖具體化「身體基準常態」的概念，他們這麼做是為了指出精神醫學在相較之下是不科學的。薩茲的論點最為明確，他的基礎假設是：身體醫學的用處是處理客觀的身體非常態，就好像身體具有基準常態是一個永恆不變的事實一樣，接著他又把這件事拿去和「相對迷思」的心理疾病做比較。然而塞奇威克認為，身體疾病和心理疾病一樣，都充滿了個體的價值判斷——這樣的說法已經在本書先前的章節中得到了充分的理論基礎。除了許多身體基準常態的概念具有爭議之外——例如人們會用凱特勒的BMI來決定所謂的標準體重——更重要的是，身體基準常態這個概念本身，以及如今使用的各種特定標準，其實都是特定的社會環境與物質環境所製造出來的產物。基準常態與各種標準其實都和種族主義、男性威權主義與資本主義邏輯密切相關，直至今日依然如此。薩茲的觀點則恰恰與之相對，認為需要淡化「基準常態身體」這個概念所具有的意識形態本質，如此一來，才能讓人們認為心理疾病的概念截然不同於普通醫學採用的概念。

塞奇威克在論及這方面時，也批評了在薩茲分析中稱作「心理－醫學二元論」的概念。從根本上來說，薩茲的立場是極端的笛卡兒主義，並將之應用在理解心理健康上。薩茲將身體視為一臺可運作或損壞的機器，這是徹底機械化的看法，同時他又用鮮明的二元論來維護心智的聖潔特質，我們把這兩種觀點放在一起後，無疑會聯想到笛卡兒在三個世紀之前於《沉思錄》提出的觀點。薩茲的論述和笛卡兒的論述相似，包含了同樣的概念性問題，同時又能對資本主義帶來極大的幫助。只不過，這一次認為這些論述十分有用的人，不再是舊歐洲帝國的工業家和奴隸主，而是二十一世紀晚期的新自由主義政治家。到了一九八〇年代，像塞奇威克這樣的評論者明顯看出，薩茲主義其實很方便套用於社會把「健康狀態不佳的人」視為「不願勞動的詐病者」，藉此合理化政府減少公共服務與社會福利的行為。

最後，**薩茲的論點基礎是：一具機械化身體的正常功能，就是常態的功能**。對他來說，健康就等同於身體在功能與結構上處於基準常態。他認為這是一種客觀又自然的規範標準，因此對病理學典範的根本邏輯也深信不疑。從表面上來看，由於他認為心理疾病不是真正的疾病，所以看起來似乎是在質疑病理學典範。但實際上，他並沒有提出替代方案，而是用二元論精準地呈現了病理學典範。

總體而言，儘管許多反精神醫學人士都提供了重要見解，探討精神醫學是如何在運作時變成一種社會控制，但影響力最大的反精神醫學分析卻錯過了真正的目標。許多反精神醫學人士認為，核心問題是心理疾病的「迷思」和精神醫學的「標籤」。他們就是馬克思所說的那種理想主義者，認為精神醫學之所以具有控制力，是因為人們相信「精神醫學」這個概念。因此，他們認為只要否認心理疾病這個事實，就可以把心理疾病簡化成單純的「標籤」，也認為只要關閉所有精神病院就可以為病患帶來自由。但事實上，正如物質主義的分析所指出的，這種社會控制的驅動力，並不是精神疾病與精神醫學診斷。相對地，這些常會傷害病患的精神病院與其措施，其實具體表現出了資本主義體制中更廣泛的神經基準邏輯。正是因此，資本主義才能利用反精神醫學運動對精神疾病的否認與對精神診斷的懷疑，把精神失常者與精神障礙者從原本的社會控制中，轉移到其他形式的社會控制之下。而後者往往和前者一樣糟糕，有時甚至更差。

現在回顧起來，反精神醫學運動讓我們看到的是，或許資本主義需要我們在面對精神疾病時的理解程度，剛好能夠維持剩餘人口階級，但同時又不能太過理解，如此一來，資本主義就不需要在支出昂貴的區塊提供認可與充足資源。而精神科醫師與反精神醫學人士之間的辯論，會導致社會相信錯誤的二元論，認為心理疾病若不是無關政治的疾病，就是單純的迷思，這種二元論只會維持這種平衡，而非提出質疑。因此，儘管反精神醫學運動具有極高的能量，但多數曾被關在精神病院中的人並沒有真正逃脫，同時許多希望獲得幫助的人則永遠無法獲得幫助。於是，資本主義和病理學典範就這樣以相對不受阻礙的方式繼續發展下去。

第6章

福特主義者的常態化

Fordist normalisation

在福特主義的模型下，
重點再也不是向有錢人銷售奢侈品，
而是向社會大眾銷售標準化商品。
進一步將資本家的基準常態需求，
從工作場所帶到了個體心理與集體心理上。

反精神醫學運動帶來了兩大影響。第一個影響是對精神醫學在社會控制方面的基本分析，這有助於人們反抗精神醫學壓迫中的特定行為。第二個影響是為精神疾病方面的文化抗拒提供了新的基礎，幫助國家找到省錢的新方法，也就是關閉精神病院，把前收容人轉移到其他的監禁體制中。第二個影響對心理健康的政治產生了重大且持久的衝擊，我們會在接下來的章節探討更多細節。不過，若要瞭解這個時期真正發生的事，更清楚地理解為什麼關閉精神病院沒有使精神失常者與精神障礙者獲得自由，我們得再次轉向仍在持續發展的資本主義。畢竟，在薩茲接受醫師訓練的期間，更宏觀的物質環境與科技已經在進行更大規模的改變了，這些改變為社會實施新的神經基準實務鋪設了前進的道路。臨床心理學因而得以替代了精神醫學，研發出照護與控制的新方法與技術，並聲稱它們比佛洛伊德學派提供的各種治療更有效。

第二次世界大戰後的兩個經濟因素帶來了格外重要的影響。第一個因素是經濟學家凱因斯支持的福利資本主義（welfare capitalism）的崛起，我們先前曾介紹過他在優生學協會中扮演的角色。第二個因素是福特主義經濟模型的興起，加上照顧與控制方面發展出的新福特技術，這些技術可以用在精神病院之外。我們接下來將會看到，這些大規模的經濟轉變不但會帶來新的介入形式，還會帶來新的技術，並使得神經基準的標準隨著資本的發展需求而越來越嚴格。這將會使得人口中的非常態人士占據更高的比例，遠超過國家資助的精神病院能收容的數量。

於是，這些人成了新介入手段的目標，而這些手段已遠遠超過逐漸過時的國家醫院中上鎖的門。新的手段將會從人生的一開始就出現，透過學校、工作場所、多數社會大眾的思想與行為不斷擴大介入的程度。

福特主義

若要理解這一點，我們得先回到一九一〇與一九二〇年代，當時住在底特律的亨利．福特（Henry Ford）開創了一套嶄新的經濟模式。福特於一八六三年出生於密西根州的務農家庭，他在青少年時期以修理鐘錶聞名，而後搬到底特律，成為機械師學徒，並在空閒時間研究汽油引擎。到了一九〇一年，他創立了屬於自己的福特汽車公司（Ford Motor Company），不但達成了出色的工程成就，也創造出一套新的製造模式。

福特發明了生產線，而後發展出後來人們稱作生產線製造的製造模式。然而，這項工作實在太痛苦、太孤單了，若沒有高薪，工人都無法久留。福特因而被迫提供高工資和良好的福利，如此一來才能保留住表現最好的員工。接著，他運用這些員工大量生產標準化的產品，再以低價大量出售。同時，他還在底特律的出版業以壟斷的方式刊登廣告，而後又在全美國做了同樣的事。這使得福特汽車成為美國各地的標準。這種經濟模型違反了當時資本家的普遍觀念，他們通常會盡可能地支付最低工資。這也違反了汽車業的邏輯，過去汽車業在生產時把汽車視為奢侈品，以少量高價的方式出售。

然而福特的經濟模型大獲全勝，他賺進了大筆財富，使社會大眾廣泛購買汽車，進而讓汽車成為美國的主要交通方式。他的模型實在太成功了，引領了嶄新的生產線製造業風潮，帶動了大規模銷售的流行，很快就成為占據主流的經濟模型。不僅美國各地仿效這種模型，甚至全球各國都紛紛效法。舉例來說，在聽說了福特的成功後，就連納粹德國的希特勒，都親自要求福斯汽車（Volkswagen）想辦法用福特模型大量生產平價汽車。福斯汽車正是因此才開發出了金龜車（Beetle），售價甚至比福特的汽車更便宜，隨著時間推移，在希特勒與納粹德國消失在歷史長河許久之後，金龜車的銷量仍比福特的任何一款汽車都還要好。其他國家也很快就發展出類似的創新，開發全新的工作形式，為各種困難又單調的工作推動了更進步的科學工作管理法。

在福特主義崛起的同時，美國與英國紛紛在二戰後開始採用凱因斯經濟理論。儘管凱因斯絕對不是馬克思主義者，但他仍認為健康的經濟不需要節省支出與儲蓄，而是應該要刺激更多需求與更多花費。當時資本主義政府與政策制訂者都很擔心民眾對共產主義產生同理心，他們認為這個方法可以妥善安撫勞動階級，並防止共產主義的擴散。凱因斯是一九四四年布列敦森林會議（Bretton Woods conference）的重要設計者，有數十個政府參與，會議目標是對戰後的新交易體制達成共識。這場會議使得美元與黃金價值掛勾，鞏固了美國的最高地位，也推動了國際貨幣基金會（International Monetary Fund，簡稱ＩＭＦ）與世界銀行（World Bank）的成立。凱因斯主義的思維因此引領了絕大部分資本主義世界在二戰後的貿易體制。

反過來，在一九五〇和一九六〇年代，凱因斯主義政府在各州進行的投資與福特主義的崛起，帶動了經濟蓬勃發展。各國的支出越來越高，勞工的消費也同樣上升，大量人口開始負擔得起過去只有有錢人買得起的商品。在這段時期，許多普通人的工作都獲得高薪，因此得以實現他們的父母或祖父母難以想像的生活品質。與此同時，對於無法工作的人來說，政府福利、健康保險等福祉甚至也提升了。因此，福特主義與凱因斯主義的方法融合後，帶來了所謂的資本主義「黃金時代」，在現代社會福利體制、教育與服務等方面都有所進步。

儘管這些變化改善了許多人的生活，不過也推動了一種新形態的異化，這種異化涉及了資本主義製造業為消費者帶來的「常態慾望」，以及就業與工作方面十分嚴格的規範。馬克思在這之前就注意到**資本主義會生產虛假的需求**，他早在一八五七年就寫道，對於資本主義者來說，「所有消費者的總量」就是潛在的顧客量，因此資本主義者必須不斷尋找能刺激「消費者進行消費的方法」。[1] 雖然這種趨勢在馬克思時期就已經出現了，但到了二十世紀，資本家創造需求的能力有了顯著成長，而隨著他們越來越需要把產品銷售給前所未有的大量顧客，他們創造需求的壓力也越來越高。畢竟，在福特主義的模型下，重點再也不是向有錢人銷售奢侈品，而是向社會大眾銷售標準化商品。這進一步將資本家的基準常態需求從工作場所帶到了個體心理與集體心理上。

在自由民主派的政府採用這些方法來控制人民的渴望時，佛洛伊德的姪子愛德華．伯內斯成了政府行為的強大擁護者。伯內斯的基礎是他早期對於國家政策的解釋與辯護，當時他在一九四七年於《美國政治與社會科學年報》（*Annals of the American Academy of Political and Social Science*）發表了一篇文章，題為〈同意工程學〉（The Engineering of Consent）。他在這篇文章中解釋了為什麼「同意工程學必須創造新聞。**新聞不是無生命體。外顯的行為會創造新聞，接著新聞會塑造人們的態度與**

行為。」[2] 到了這個時候，伯內斯在創造假需求方面已經取得了重大成功，他最有名的例子是使用這個方法，在一九二九年的廣告中幫助菸草公司說服大量女性開始抽菸。但現在他又主張，這個方法不只能用在商品銷售上，還能幫助國家控制人民。

從更批判性的角度來看，法蘭克福學派的批評理論家麥克斯．霍克海默（Max Horkheimer）和西奧多．阿多爾諾（Theodor Adorno）在他們一九四六年的著作《啟蒙的辯證》（*Dialectic of Enlightenment*）中研究了這些方法的興起。他們兩人是左派的猶太知識份子，在一九四〇年代逃離納粹，移民到美國。然而在抵達美國後，他們發現美國對自由思想進行了大規模的限制，導致美國只比納粹德國更自由一點點，這讓他們嚇壞了。許多因素促成了美國對思想的限制，他們認為其中一個因素是，在標準化產品出現時，大眾傳播媒體與公關活動也出現了，隨之而來的虛假需求與渴望所帶來的大量生產也跟著增加。他們在書中以廣播這項新發明為例，指出「廣播使得每個人都變成了平等的聽眾，為的就是以權威手段，讓他們收聽不同電臺播放的同一檔節目」。他們繼續寫道，這種狀況帶來了「操縱和逆向需求的循環」，藉此把「體制統合得更加緊密」。[3] 儘管理想化的普通消費者其實並不存在，但每個人和這個理想之間確實存在著或遠或近的距離，換句話說，每個人或多或少都會想要接受這種渴望，而這種渴望，其實是大型企業在採用了福特主義模型變體後，依據邊際利潤推導出來的需求。

新左派（New Left）的其中一個傑出人物赫伯特．馬庫色，也在一九六四年的著作《單向度的人》（*One-Dimensional Man*）中探討了這一點。對於馬庫色來說，福特主義商品的大量生產與嶄新的行銷技術，帶來了一種新形態的異化，這種異化在資本主義的早期階段中不曾出現過。用他的話來說，雖然有些人指出「在形形色色的商品和服務中做出選擇」證明了資本主義為眾人帶來自由，但事實上，「如果這些商品與服務能幫助社會控制民眾過上辛苦工作又恐懼的生活，也就是幫助社會維持異化[4]的話，那麼這種選擇就不代表自由」。事實上，對於馬庫色來說，福特主義的單調工作與消費主義的虛假承諾，導致了大規模的心理壓制，這是史上從未有過的。他認為，當時的社會使人們的心理變得不健康，這是因為資本主義在精神上的統治十分緊迫，也因為資本主義需要對「渴望」進行他所謂的「額外壓抑」（surplus repression）。

同時，哈瑞．布瑞佛曼（Harry Braverman）在一九七四年的著作《勞動與壟斷資本》（*Labour and Monopoly Capital*）中探討道，美國和英國的一系列政府研究發現：勞工對工作越來越不滿意，病假也越來越多，使得生產水準逐漸下降。從布瑞佛曼的分析來看，勞動的分工程度增加到了前所未有的高度，導致企業對勞工的技術需求下降，因此勞工的工作成就感越來越低，也越來越異化，即使用更高的薪資、購買更多新商品的能力來補償也沒有幫助。人們無法對單調乏味的工作感到驕傲，就算他們擁有的財產超過了父母和祖父母，但他們仍然缺乏成就感。

因此，儘管資本主義的黃金時代，確實用許多重要的方式改善了許多人的生活——至少對於生活在富裕西方國家的人來說是如此——但這段黃金時代阻止了民眾採用不同的方式好好過生活。戰後的數年間，資本主義努力推動每一個人獲得理想化的常規渴望，然而許多確實懷抱著這種新渴望的人卻在消費增加的同時，感到越來越不滿足、越來越異化——而那些與眾不同的人，則受到越來越嚴重的污名化與他者化。簡而言之，神經基準常態的標準變得更加嚴格，因此而改變的不是人們對人性需求的心理預期，而是對資本需求的心理預期。

行為主義者的常態化

從後見之明來看，我們或許可以在馬庫色的分析中補充這一點：有些人的思想相對不符合新消費者基準常態，社會逐漸把這些人視為需要解決的問題。我們可以在兒童精神醫學和兒童心理學的興起過程中，清楚看到政府行為與商業行為所帶來的綜合影響，兒童精神醫學和兒童心理學在一九四〇年代之前可說是根本不存在。正如納德桑（Nadesan）所寫的，在二十世紀早期，人們「對兒童的『發展』」越來越感興趣」，導致社會開始「依據他們新創造的、標準化的發展規範，判斷孩子的基準常態程度」，進一步將他們劃分在新的分類中。[5]這種現象反映出標準化教學的興起——這種教學在二戰後逐漸增加——更反映出高爾頓認為「每個人天生具有不同智能」的想法。在這樣的環境下，人們更加注意個體在同年齡群體中的相對發展差異，而發展「里程碑」的新概念，也為常態發展帶來了更嚴格的標準。

不過，社會轉而重視福特主義的其中一個重要原因是，福特主義不僅能使得神經基準常態變得更加嚴格，還在照顧與控制方面帶來了嶄新的福特主義方法。在反精神醫學運動提出了眾多批判後，儘管昂貴的精神分析方法和腦葉切除術等較野蠻的治療方法變得不太受歡迎，但越來越多人開始使用與研發在經濟方面更有效率、更能營利的治療方式。這些改變帶來的重要發展是：精神醫學與心理學將會把涵蓋範圍擴展到精神病院的圍牆之外，進入更廣大的公眾生活與私人生活中。此時的其中一項重要發展是「行為主義」（behaviourism）。行為主義是由心理學家發明的概念，增加了他們在醫療與社會方面的影響力，隨著時間推移，這種影響力將會趕上精神病院中的精神科醫師。

美國的行為主義重視的是克服心理與身體之間的隔閡，這種隔閡可以追溯到笛卡兒的研究，他提出了靈魂與機械式身體之間的二元論。美國行為主義的先驅思想是心理學家約翰・華生（John Watson）率先提出的，他在一八四八年出生於南卡羅來納州。儘管在笛卡兒學派中，思想是難以觀察、難以科學研究的事物，但到了一九一〇年代，華生提出了革命性的想法，他認為心理科學應該要全然聚焦於能夠客觀觀察的事物：行為。他希望能藉由「只關注行為」達到的，不只是讓心理學界獲得前所未有的尊重，還希望能徹底改革心理學家的臨床治療方式。

華生在論及臨床介入治療時，受到俄羅斯心理學家伊凡・巴夫洛夫（Ivan Pavlov）的研究所啟發。巴夫洛夫在一八九〇年代發現，每當負責為狗帶來食物的研究助理經過，狗就會在聽到腳步聲時流口水。[6]巴夫洛夫因此指出，狗可以發展出「制約」（conditioned）反應，也就是以過去的經驗為基礎，學會對熟悉的刺激產生特定反應。華生相信這種方法也可以應用在理解人類與治療人類上。經過研究觀察，他開始認為人類的語言和情緒反應等行為，都只是天生的傾向加上反覆接觸刺激帶來的制約典型反應所組成的結果，我們稍後會再回過頭來討論。巴夫洛夫在一九〇四年成為第一位俄籍的諾貝爾獎得主，在俄國革命後得到列寧（Vladimir Lenin）的讚賞。巴夫洛夫的理論在蘇聯結合了列寧所謂的新形態「國家資本主義」，同一時期，行為主義也在市場資本主義的社會中崛起。

華生的理論研究在西方具有極大的影響力，當時推崇他的有羅素等哲學家，也有一些不滿意笛卡兒主義的心理學家與社會學家受到華生的啟發。不過，在他所有的論述中，造成最重大衝擊的是他主張他能透過操作制約來改變行為。他在一九二四年出版了影響力極高的著作《行為主義》（*Behaviourism*），在這本名稱簡明扼要的書中寫道：

> 若你能提供十二名健康又體格良好的嬰兒，並讓我在我要求的特定環境中養育他們，我就可以向你保證，我有辦法隨機從中挑出任何一名嬰兒，再把他訓練成我選擇的任何一種專家——醫師、律師、藝術家、廚師，甚至連強盜和小偷都沒問題，無論他的才能、個性、能力和使命是什麼，無論他的祖先是什麼人種，都不會影響到結果。[7]

換句話說，華生認為無論嬰兒擁有何種遺傳特質，他都可以把嬰兒塑造成特定類型的人，甚至讓他們符合特定的職位。由此可知，行為主義的潛力，就是保證可以依據社會和經濟的需求來形塑個體。

在華生的影響之下，很多人立刻轉而進行野心越來越大的行為主義研究計畫。到了一九三〇年代，哈佛心理學家史金納（B.F. Skinner）開始使用行為主義原則來模仿演化中的選擇壓力，藉此改變行為，其中也包括一些人們視為精神疾病的行為。史金納在一九三八年的著作《生物體的行為》

（*The Behavior of Organisms*）中詳細描述了他的方法，他使用懲罰與獎勵當作「增強物」（reinforcer），把人變得更符合當代社會的需求。[8] 這種方法為他所謂的「行為工程學」打下了基礎，他認為人類可以大規模應用行為工程學來製造理想的公民。事實上，他在後來的書《超越自由和尊嚴》（*Beyond Freedom and Dignity*）中寫道：「一個完整的文化就像是行為分析中使用的實驗空間。兩者都充滿了伴隨增強效果而來的種種情況」。史金納繼續寫道，因此要「設計一種文化和設計一場實驗是差不多的事」。[9] 他基於同樣的理由主張，社會可以對人民進行「細部」操作制約，使人民滿足整體社會的需求，進而改善整個文化。

他的主張之所以重要，是因為對於達爾文主義者與政策制訂者來說，他們在失去高爾頓的優生學所帶來的廣泛支持後，再次看到了嶄新的方法可以把人民常態化。只不過，這項新方法不再去控制跨世代的遺傳特質，而是效法兒童發展時期的演化壓力。正如哈佛歷史學家芮貝卡・勒莫夫（Rebecca Lemov）所描述的，[10] 在這樣的環境下，洛克斐勒基金會（Rockefeller Foundation）等曾經資助納粹優生學研究的大型美國慈善組織，開始大方地資助行為主義者的新研究。其中最值得注意的是，受資助的也包括埃爾頓・梅奧（Elton Mayo）的研究，他希望能「透過心理諮詢，將產業中的勞工去激化（deradicalizing），讓勞工變得適合他們的工作」。[11] 這些計畫修正並正式化了一開始被用在奴隸種植園的科學管理方法，藉此管理現代勞工的心理。正如勒莫夫所寫的，在這段期間，儘管相關基金的職員與受託人「並沒有什麼可怕、祕密的計畫要限制普通美國人的民主行動自由或思想自由」，然而他們仍「認為無論任何一種社會體制，若要順利運作的話，就必須要讓普通美國人脫離民主自由或思想自由」，但他們仍然「認為所有想要順利運作的社會體制，都必定需要外部強加的政策與基準常態」。[12]因此，他們認為對美國民主的運作與生存來說，投資新形態的行為控制是很重要的一件事。

冷戰自一九四五年開始，當時資本主義政府很擔心他們該如何阻止人民同情敵方陣線，而佛洛伊德主義與行為主義的新組合，則在這段期間變得影響力極高。以美國為例，中情局（Central Intelligence Agency，簡稱CIA）成員獲得情報指出，在遠東支持毛澤東思想的共產主義者研發出了「洗腦」的技術，能使人民支持共產理念，這使得中情局深感憂慮。初次報導此消息的是反共產主義記者愛德華・亨特（Edward Hunter），他在一九五〇年於《邁阿密新聞》（*Miami News*）發表了一篇標題駭人聽聞的文章：〈洗腦戰術迫使中國人加入共產黨的行列〉。[13]雖然亨特的報告幾乎沒有根據，但美國當時非常害怕共產主義會擴散開來，於是很快就開始大量投資行為主義的實用研究，希望能針對所謂的共產主義洗腦技術進行逆向工程。正如勒莫夫所寫的，他們的基本構想是「量化並控制個體的自我內在競技場——自我的渴望和需求、擔憂和恐懼」，如此一來，政府就可以「調整人類，使人類符合社會秩序的需求、要求、渴望與模型」。[14]換句話說，中情局和美國政府相信有一些技術能使民眾同情革命共產主義，並希望能借鑑並調整這些技術，用來支持資本主義取得勝利。事實上，他們眼中由共產主義使用的技術，正是行為主義者發明出來的方法。

同時，由於人們用穩定的製造業與技術相關的工作來定義福特主義時期，所以越來越多人認為行為主義的作用，是把孩子形塑成適合的單一經濟角色，並維持一輩子。更重要的是，相信行為主義有這種作用的不只是心理學家，還包括企業家，例如亨利・福特二世（Henry Ford II），他是亨利・福特一世的孫子，從一九四〇年代中期開始擔任福特汽車公司的總裁與執行長。正如社會學家暨行為主義評論家丹尼爾・貝爾（Daniel Bell）在一九四七年指出的：

> 福特汽車公司在不久前宣布，公司將撥出五十萬美元在「人類關係」研究上。亨利・福特二世表示，福特公司認為他們無法在機械的技術理性方面更進一步了，工程學的下一步將會是提高「人類成就」的高度。[15]

事實上，史金納認為大規模實施的行為主義計畫，甚至可以用在工廠以外的地方，用來解決一些他認為十分「嚴重」的問題，例如年輕人不願意加入軍隊，或想要「盡量減少」工作量。[16]

行為主義計畫的基礎，是戰後的兒童輔導運動（Child Guidance Movement）應用精神治療模型的方式，領導該運動的是多位優生學家，包括我們在第四章提到的西瑞爾・伯特。兒童輔導運動的支持者曾指出「基準常態是一種光譜，而孩子有可能位於光譜上的任何位置」[17]，他們將童年思想描述成一種容易受到介入的特殊狀態，人們可以藉由介入，來幫助孩子在往後的人生適應工作場所。儘管這種主張一開始立基在高爾頓學派的假說上，但到了一九六〇年代，這種方法已經融合至行為主義的理念中，因此，人們開始運用行為主義，迫使他們認為病理學異常的孩子們變得與他人一致。

其中最值得注意的例子或許是應用行為分析，這套方法是伊沃・洛瓦斯（Ivar Lovaas）在一九六〇年代於加州大學（University of California）研發出來的。洛瓦斯同意薩茲的觀點，認為精神疾病這個概念的主要功能是幫助人們逃避責任。因此，他沒有去治癒這些人的「疾病」，反而認為這些人表現出來的是異常行為，並試著用規訓來改變這些行為。他使用嚴厲的懲罰和獎勵制度來正常化那些「異常」的孩子。只要自閉兒童的行為反映出異常的渴望，洛瓦斯和團隊成員就會電擊或掌摑他們。一九六五年，《生活》（*Life*）雜誌刊登了一篇有關洛瓦斯的報導，傳閱量極高，文章指出洛瓦斯運用這種概念對自閉兒童進行操作制約，推動兒童「往常態發展」。[18] 而後，洛瓦斯在一九七〇年代把同樣的方法應用在人們認為太過「陰柔」的男孩身上，當時的人認為這種男孩具有「同性戀」傾向。[19] 從根本上來說，這就是一種扭轉治療，社會大眾一開始以為扭轉治療是一種成功的治療方式，但其實會導致長期創傷。

在這段期間，童年的新常態反映出了更廣泛的轉變，這種轉變既來自個體在他人眼中的工作能力，也來自個體在他人眼中能夠以消費者身分表現出正確渴望與正確行為的能力。隨著資本主義的需求出現變化，基準常態的標準也變得更嚴格，同時與之交錯的是性別常態與異性戀霸權所帶來的壓力。因此，在戰後的數十年中，除了新的生產形式為追求夢想的勞工帶來了新的事業前景之外，常態兒童的生產，也變成了追求夢想又充滿擔憂的父母心中的目標。

當時確實有人批評這樣的發展。舉例來說，貝爾認為埃爾頓．梅奧等人開創的新方法在「把人類調整成機器」的過程中，「沒有考慮到這麼做會對人性造成哪些深遠的影響」。儘管這些批評確實存在，但仍有越來越多不同領域開始接納行為主義，例如運用行為主義在企業中改善員工的表現，或者在健身產業中打造顧客想要的飲食與運動習慣，使顧客更接近凱特勒提出的理想體重。越來越多人把行為主義結合到認知分析與精神分析的方法中，創造出新的目標導向介入治療。這樣的發展十分符合華生與史金納的預想，也符合克雷佩林在一九〇八年提出的「大眾精神醫學」概念。

福特主義製藥產業

在論及介入治療時，福特主義時代有另一個同樣重要的發展，那就是精神藥物的發現與大量生產。精神藥物的發展始於一九五〇年代，而後迅速傳播開來，徹底改變了人們對憂鬱症、焦慮症與精神病的理解。正如羅伯特·惠特克（Robert Whitaker）做出的結論，在這段期間：

托拉靈（Thorazine）、眠爾通（Miltown）和馬西理（Marsilid）等藥物都來自為了其他目的而發展出來的化合物——這些藥物是可用於手術或用來對抗傳染病的「神奇子彈」。而後人們發現這些化合物會改變情緒、行為和思想，並認為會對精神病患者有幫助。從本質上來說，人們把這些化合物看作具有良好副作用的藥物。精神醫學看到這個新機會，便把這些藥物重新定義為精神障礙的「神奇子彈」，並假設這些藥是能夠處理腦內化學失衡的解藥。[20]

事實上，這些藥物的研究只證明了十分有限的影響，更沒有充分記錄潛在風險。也沒有任何證據能證明臨床憂鬱症與臨床焦慮症的原因是化學失衡。然而這些藥物很方便大量生產，也有足夠多的人認為這些藥物有用，所以才會蔚為流行。據說有很多人都認為這些藥物能拯救生命，至今仍有這樣的傳聞。

因此，藥廠大規模販售這些新藥，賺進越來越高的利潤，同時也幫助了陷入掙扎的人。到了一九五四年，光是服用氯普麻（chlorpromazine）的美國人就高達兩百萬名。[21] 在這之後，精神科藥物的數量年復一年的增加，大幅改變了人們對沮喪與憂鬱的理解。這些情緒不再是遇到創傷事件的反應，主要治療方式也不再是昂貴的個人化談話治療；這些情緒源自所謂的「化學失衡」——這個模糊用語允許眾人提出各式各樣的解釋，其中也包括銷售藥物的人——治療方式正是新的標準化藥物。

我得再次強調，這些新的介入治療對部分精神病患來說是很有幫助的，尤其是那些能靠著藥物幫助來控制精神病、憂鬱症或焦慮症的人。因此，在戰後的數十年中，精神醫學與心理學的介入治療確實在一些狀況下，幫助了因心理健康問題而受苦的人。但對於許許多多的其他人來說，新形態的福特主義介入治療帶來的是新形態的社會控制。畢竟這些新藥是大量生產的標準化產品，沒有針對個人生活的特定需求、問題和環境進行調整。如果藥物沒有效的話，患者往往會拿到風險更高的更高劑量藥物或第二種藥物，在許多狀況下，這種介入治療的效果很有限。由於這種治療方法的邏輯尚無法解釋人類的神經多樣性與複雜性，所以，儘管有些人感覺這些治療對他們來說必不可少，但在部分案例中，有些人會覺得這些治療感覺像是一種控制。

這些研究不僅能進一步幫助我們瞭解生醫精神病學的限制，也能更瞭解一九六〇年代的反精神醫學運動。正如我們在上一章讀到的，在精神病院關閉的同時，新形態的常態化有些擴展到了社區中，有些則轉移到了監獄體系與安養院。但正如我們所見，同樣重要的一件事是，對於其他人來說，他們就算來到了監禁系統的圍牆之外，也仍受到福特主義的常態化技術所控制。因此，在大多數案例中，就算關閉精神病院並停止了精神分析的霸權，就算前收容人被送進了替代的監禁系統中，也無法像反精神醫學運動所希望的，給予精神失常者與精神病患自由。

這是因為在福特主義的時代，**社會本身就是新行為主義與精神藥學可以實施介入治療的實驗室與精神病院**。佛洛伊德學派的精神科醫師失去了影響力後留下了權力真空，新的行為主義心理學家取代了他們，在人們一出生後，就開始透過「教育」介入童年發展，接著也介入了工作場所。對於因此受到傷害的人來說，困住他們的高牆不是用磚瓦與水泥砌成的，而是「心理技術」，這些心理技術是政府、心理學家和公關專家使用強度越來越高的行為增強物，強加在他們身上的。從這個角度來看，反精神醫學者說的沒錯，精神醫學往往是一種社會控制。但是，若我們判斷這個問題的重點，在於人們是否相信心理疾病的真實性，在於精神病院特有的虐待行為，那麼我們也就徹底錯失了目標。這兩者並不是真正的核心問題，只是較常見的潛在問題表現方式。真正的問題不只是心理疾病的概念，還包括了這個社會如何根據物質條件與物質關係的改變，產生並重現越來越嚴格的基準常態。儘管反精神醫學運動具有強大的能量，但資本主義卻是因為反精神醫學才能繼續發展，繼續一手掌握神經基準常態，相對不受干擾。高爾頓精神醫學就是在這樣的環境中浴火重生的。

第7章
高爾頓精神醫學的回歸

The return of Galtonian psychiatry

反精神醫學有助於高爾頓學派的精神醫學和意識形態敞開大門，
使高爾頓學派不但回歸，還徹底掌握了霸權。

一九九〇年的一個炎熱七月天，美國總統小布希（George H. W. Bush）宣布「大腦的十年」（Decade of the Brain）正式開始。引用小布希的原話，他認為「一個探索的新時代」開始了，「威力強大的顯微鏡、遺傳學研究的重大進展以及大腦成像儀器的進步，使醫師與科學家對大腦有更深入的瞭解」。他繼續得意地讚揚美國精神醫學與神經科學的優勢，最後呼籲：「所有公職人員與美國人民都應該以合適的節目、典禮和活動來慶祝接下來的十年。」[1]

這一刻並不是突然之間無中生有的。為了理解這一刻，我們得回過頭去檢視反精神醫學運動帶來的最後一個重大影響。這個影響涉及到精神疾病的概念，此概念在一九七〇年代末大幅偏離了佛洛伊德模型，回歸了生物中心模型。這樣的轉變有一部分是來自反精神醫學評論家導致的影響。另一部分原因則是當時所說的「同性戀傾向」（homosexuality）所引起的相關危機。早在一八八六年，德國精神科醫師理查・馮・克拉夫特－埃賓（Richard von Krafft-Ebing）就在他的著作《性變態心理學》（*Psychopathia Sexualis*）中提出了酷兒特質的病理化，他引用達爾文的言論，將同性戀傾向描繪成一種精神病理學。由於當時人們認為生殖和身體健康程度有關，所以他們認為同性之間的吸引力會阻礙大自然的運作。儘管二十世紀早期的同性戀文化越來越盛行，而佛洛伊德也認為「同性戀」與病理學無關，但上述觀念仍蔚為風潮。

與此同時，美國政府一直在大量收集有關精神病患的統計數據，希望能協助整個社會的人口管理。這項計畫在二戰期間有了大幅進展，當時許多軍方人員受到嚴重創傷，卻只能得到非常模糊的概括性診斷，而政府十分擔心社會上將會出現詐病者。美國軍方為了提供更高的診斷準確性，研發出了一本手冊，這本手冊在最後變成美國精神醫學會（American Psychiatric Association）的診斷聖經，這本手冊就是《精神疾病診斷與統計手冊》（DSM），第一版在一九五二年出版。雖然第一版的影響力有限，但往後多個版本的影響力卻持續擴大，隨著時間推移，該手冊甚至成了史上影響力最大的出版書籍之一。

第一版DSM受到佛洛伊德和生物學方法的影響，將「同性戀傾向」列為「社會病態人格障礙」（sociopathic personality disturbance）。[2] 一九六七年出版的第二版DSM也做了類似的分類，將之稱作「性偏差」，伊沃·洛瓦斯在此時正是在研究先前提到的行為主義扭轉治療。[3] 在這段期間，侵入性的有害治療把越來越多男女同性戀視為目標，試圖改變他們的行為與心理結構。在福特主義時代的資本主義邏輯中，酷兒特質和其他打破傳統的性別角色，都會威脅到異性霸權家庭中勞工所具有的社會再生產（social reproduction）需求。在這樣的背景下，酷兒不僅受到歧視和錯誤的病理化，甚至還因為受到戀愛的吸引或維持性關係就被監禁和虐待。

然而，到了一九七〇年代早期，許多左派和自由主義薩茲學派的人，再也無法忍受社會對待與呈現酷兒的方式了。同性戀解放運動的社運人士也怒氣沖沖，他們有足夠的組織能力可以做出反應。在美國精神醫學會由反精神醫學運動人士與其他進步派人士的支持之下，同性戀解放運動社運人士的情緒累積到了最高點，他們打斷了美國精神醫學會的會議，反對他們把酷兒特質病理化。

到了最後，這些活動都指向了同一個問題：打從一開始，為什麼身為同性戀會被病理化？而事實證明了眾人都無法清楚解釋為什麼同性戀應該被病理化。於是，美國精神醫學會在一九七三年的投票中，幾乎一致通過要把酷兒特質去醫療化（demedicalise）。他們意識到，由於身為男同性戀和女同性戀並不會造成痛苦或障礙，所以沒有明確的原因可以將之列為醫學病理。然而，雖然這是同性戀解放運動的重要進步，但卻沒有改善評論家眼中的精神醫學形象。正如理查・麥克納利（Richard McNally）觀察到的，「美國精神醫學會在解決爭議時採用了民主流程」，無論這麼做是對是錯，都顯示了「精神醫學沒有基礎原則能分辨一個人的行為是精神障礙，抑或只是人類運作的不同方式」。[4]

就是這一點，最終使美國精神科醫生陷入全面危機，並迫使他們面對並在某種程度上融入了薩茲學派的批評。精神科學家為此回過頭，再次迅速擴展克雷佩林學派中較偏向生物中心的方法，這種方法大體上符合薩茲的看法：「常態」大腦是一種客觀概念。雖然自一九五〇年代以來，山謬・古茲（Samuel Guze）等精神科醫師一直在提倡一種新克雷佩林學派（neo-Kraepelinian）的方法，但真正引起這項轉變的關鍵精神科醫師是羅伯・斯比澤（Robert Spitzer）。斯比澤是第三版DSM的專案小組領導人，而此版本的DSM將會成為令人訝異的暢銷書，推動精神醫學之力的嶄新時代。

羅伯・斯比澤與第三版DSM

斯比澤在一九三二年出生於紐約，就讀紐約大學（New York University）醫學院，他認為修訂DSM是天賜良機。雖然前面兩個版本的DSM沒有列出心理疾病的定義，幾乎沒有臨床醫師在使用，但斯比澤希望能為心理疾病提供一個穩定的概念，用可靠的科學研究來引導未來的醫療實務。他也擺脫了精神分析的影響，在每一次診斷都遵照嚴格的診斷標準，藉此避免誤診，並為心理障礙提出了穩固的醫學概念。DSM正是因此而從地位相對次要、且不被多數臨床醫師認真對待的一本書籍，一躍成為現代世界影響力最大的書籍之一。它不僅會成為國際暢銷書——每一個新版本都為美國精神醫學會帶來高額收入——而且使用它的人包括研究人員、保險公司、政府政策制訂者和臨床醫生。

為了瞭解斯比澤的研究，首先請回想薩茲的主張：精神分析式的疾病概念是一種偽科學，真正的疾病會反映出生物構造或功能方面的異常。斯比澤的團隊在充滿這種批評的背景之下，於一九七四年開始進行研究，他們大致上放棄了過往研究依賴的精神分析理論——他們至少隱晦地承認了薩茲的觀點，認為佛洛伊德的方法缺乏證據——並試著研發出純敘述的基準，希望能為每一次診斷提供必要且充足的條件。他們這麼做的目標是確保診斷具有可信度，並對研究具有更高的實用性，同時提高診斷分類的數量，將各種症狀分類成不同的障礙，例如發展障礙、焦慮障礙等。

不過，其中最重要的補充要點，是在手冊中新澄清的「精神障礙」概念，此概念的基礎是個體的「功能障礙」（dysfunction）。這種新概念指出真正罹患疾病的必要條件是：患者必須表現出生物構造、心理或行為方面的功能障礙。這麼做是希望精神醫學不但能更符合身體醫學、生物科學與認知科學——以及他們秉持的達爾文學派運作概念——還能符合逐漸興起的生物體行為主義科學。

在推動這種轉變時，斯比澤至少曾隱晦地承認薩茲學派的主張，也就是基本功能障礙對於精神障礙來說是必要條件。不過，他拒絕接受薩茲對心理與神經系統做出過度嚴峻的笛卡兒式二元分類。斯比澤認為功能障礙會出現各種不同的級別，甚至也應該把醫師在行為方面觀察到的不同，視為功能障礙的一種表現。於是他們採用了「障礙」（disorder）一詞，而非「疾病」（disease），這是因為「障礙」無論在生物學層面或心理學層面都能通用，而「疾病」通常只和生物學有關。如果某人在認知測試中出現統計上的異常，或者表現出適應不良的行為，那麼根據斯比澤學派的論點，這已經是充分的理由——能讓醫師開始考慮精神障礙的可能性了，即使醫師沒有驗證生物學方面的基礎也一樣。

除了功能障礙的標準之外，斯比澤也意識到，在先前的DSM中，多數精神障礙除了和功能障礙有關之外，也和傷害有關。從這一點來說，精神障礙也是一種真正的身體疾病。最重要的是，斯比澤認為，若從達爾文的抽象角度來看，酷兒特質或許是一種功能障礙，但即使如此，這也是一種良性的功能障礙，所以與真正的疾病截然不同。有鑑於此，斯比澤的團隊決定提出一項標準，那就是只有造成傷害的症狀才能被視為精神障礙，並把「傷害」概念化為痛苦或失能。因此，第三版DSM提供的最終定義如下：

> 每一種精神障礙，都應概念化成個體在臨床診斷上的顯著行為或心理併發症或模式，這些障礙通常會連結到令人不快的症狀（**痛苦**），或者在一個或多個重要功能領域上的缺損（**失能**）。此外，也可以藉由推斷來得知個體是否有行為、心理或生物學上的功能障礙，且這種干擾不只會出現

在個體與社會的關係中。[5]

他們將「傷害」和「個體功能障礙」變成了診斷出精神疾病的必要條件，只要兩者合起來達到充分條件即可，這麼做是希望能從本質上避免人們將錯誤病理化的社會偏差或良性功能障礙視為精神疾病，並使得精神醫學、相關研究計畫與醫療實務都符合一般醫學的治療方式與認知障礙的理解框架。

然而，這種解讀精神障礙的方式並不是新的概念，反而標示了學界正逐漸回歸高爾頓的模式。正如高爾頓過去對精神障礙的觀點，精神障礙將會變成個人在認知或神經方面的達爾文主義式功能障礙，人們會用「常態」功能去理解精神障礙，而且通常會將之視為在特定環境中會被觸發的遺傳傾向。斯比澤在論及功能障礙時，武斷又明確地將之連結到統計常態中的低生產率上。他是這樣說的：

> **先天劣勢**（inherent disadvantage）指的是一個人相對於其他個體而言，無法在有用的領域發揮功能所帶來的結果。舉例來說，個體因為妄想或幻覺而無法分辨現實，或因為憂鬱症而無法在工作方面正常運作，這一類的人在努力試著滿足基本的個體需求與心理需求時，顯然具有先天劣勢。[6]

眾多科學哲學家依據這類的討論，提出了一個大規模的新研究計畫，希望能用前所未有的精準度來闡明生物統計式功能障礙的真正本質。舉例來說，二十世紀晚期出現了許多有關健康本質的研究，其中一個影響力最大的言論是哲學家克里斯多福．布爾斯（Christopher Boorse）在一九七五年提出的主張，他認為功能障礙是一種客觀的概念，指的是把個體拿去和相同物種、性別與年齡的所有個體做比較時，出現統計學上的功能異常。[7] 接著，高爾頓學派的典範研究，將會具體化這種透過理論分析而出現的功能障礙，該典範研究聚焦在尋找個體的認知缺陷與生物學缺陷，他們找出缺陷的方式是比較個體和神經典型的基準常態，只不過，這一次他們在研究中增加了行為主義的傳統與技術，遠比高爾頓時代的理論更先進。

同樣重要的是，儘管仍有些人反對這種病理化，但薩茲學派的反精神醫學分析卻沒有脫離病理化。若要深究的話，正是這樣的過程，使得高爾頓學派的方法在回歸後變得前所未有地強大。薩茲與追隨者十分依賴「病理學是一種結構異常或功能異常」這個概念，不但強化了這個概念，也將之視為一種單純客觀的事物，並因此徹底接受了病理學典範的邏輯。他們沒有發展出新方法，而是在優勢典範的範圍之內畫下限制，主張醫師要先驗證精神疾病具有生物學因素後，才能將之視為真正的疾病。

因此，從這個角度來看，最合理的神經異常概念應是達爾文學派，而非佛洛伊德學派。此時精神醫學需要做的，就只是放下佛洛伊德學派的平衡健康觀念，轉而接納基準常態功能的醫學化觀念，接著就可以再次在遺傳與神經的層面開始做研究了。由此可知，正是反精神醫學有助於高爾頓學派的精神醫學和意識形態敞開大門，使高爾頓學派不但回歸，還徹底掌握了霸權。

生物精神醫學的限制

第三版DSM出版後的這十年間，精神醫學出現大規模擴張，並從佛洛伊德模型轉變成生物中心與認知主義的心理健康方法。這代表的是人們開始認為心理障礙是源自「損壞的大腦」或錯亂的思維，應該要藉由生物醫學、認知或行為的介入治療來修正。我們可以在神經科學家南西・安卓森（Nancy Andreasen）於一九八四年出版的書籍《破碎的腦：精神醫學中的生物學革命》（*The Broken Brain: The Biological Revolution in Psychiatry*）看到這種轉變的例證。安卓森認為現代精神醫學之父是克雷佩林，而非佛洛伊德，她自信滿滿地指出，如今精神障礙已經是一種醫學疾病了，「和癌症與高血壓一樣」。[8]

雖然引領這種轉變的是熱忱的神經科學家和精神病學家，不過接納這種轉變的人遠不只他們，到了一九九〇年，社會大眾的接納程度高到小布希總統宣布接下來是「大腦的十年」。當時人們認為小布希的支持態度應該在經濟上很謹慎。那時的目標是開發新藥並大量生產，用經濟實惠的方式，有效減輕精神病患的痛苦感受，取代昂貴的個人治療或社會變化。在這之後的一九九〇與二〇〇〇年代，美國的國家心理衛生研究院（National Institute of Mental Health）與其他國家的類似組織，都大幅提高了投入的資金。精神醫學界找出越來越多新的心理障礙與神經障礙症狀，進行分類與診斷。同時也研發並使用新的精神醫學療法與藥物，希望能治癒這些障礙。

而後，美國的精神醫學逐漸出口到世界各地。新的精神醫學帝國主義利用理念、診斷與藥物來偽裝，取代了舊的歐洲帝國與殖民地精神病院。正如伊森・沃特斯（Ethan Watters）[9]的研究所示，在機會出現的時候與地點，真正推動西方診斷出口至其他國家的其實是「藥廠」。這種出口消除了各個區域對精神障礙的在地理解，而生物醫學的論述則占據了優勢，這種論述能幫助美國與歐洲的製藥公司獲利。雖然生物醫學論述所提出的痛苦是千真萬確的，可是此論述的文化擴展方向，主要是依循著市場的邏輯。根據這些公司的說法，新的生物醫療方法可以幫助那些心理感到痛苦或罹患心理疾病的人，而且這種方法帶來的幫助遠超過各地依照當地理解所使用的方法。

儘管如此，社會大眾的心理健康狀態仍沒有改善。根據部分研究估計，自一九八〇年代以來，人類的集體心理健康已漸趨平穩，但也有一些研究指出，人類的集體心理健康狀態正逐漸惡化。記者暨著名生醫精神病學評論家羅伯特・惠特克曾針對美國討論過這一點。正如他在二〇一〇年指出的：「二〇〇七年的精神疾病障礙比例是每七十六名美國人中有一名。這是一九八七年的兩倍以上，是一九五五年的六倍以上。」[10]這個數字是美國大幅增加新舊精神科藥物使用量後的結果。精神科藥物的使用量逐年上升，到了二〇一八年，英國幾乎有四分之一的人口都拿到了醫院開立的精神科藥物，[11]到了二〇二〇年，美國則約有一六・五%的人口拿到了醫院的精神科藥物。[12]我要再次指出，這些藥物確實能幫助一些人——甚至能拯救許多性命——只不過對於許多人來說，這些藥物的確沒有幫助或幫不上太大的忙；而且對於某些人來說，藥物只會使狀況惡化。

湯瑪斯・殷索爾（Thomas Insel）在二〇〇二至二〇一五年曾擔任美國國家心理衛生研究院的主任，我們可以從他說的話清楚看出精神科藥物的嚴重失敗。他在二〇一七年終於坦承了令人震驚的事實：

我在國家心理衛生研究院花了十三年，推動精神障礙的神經科學與遺傳學研究，但後來回顧時，我意識到儘管我認為自己用極高的支出——我想應該有兩百億美元——幫助了一些很棒的科學家完成許多很棒的研究報告，可是在討論到數千萬名精神疾病患者時，我不認為我們有對降低自殺率、降低住院率、提高恢復率帶來任何重要影響。[13]

根據一系列的研究指出，儘管精神科藥物的效用有限，又有風險造成不良副作用，但平均來說，精神科藥物通常至少會帶來少量的正面影響。[14] 所以，若一切都保持不變，精神健康狀態應該會因為藥物使用量增加而改善。因此，為了理解可能出錯的原因，我們必須再次把目光轉向更宏觀的背景，也就是在斯比澤團隊準備要出版第三版DSM時，在社會、經濟和技術方面的變革。

第8章

後福特主義導致大規模失能

Post-Fordism as a mass disabling event

非典型神經發展的診斷範圍被大幅擴張。
在過去的社會看來相對良性的特質，
已被視為一定程度上的障礙，
而那些只帶來最低限度障礙的特質，
如今可能會變得非常明顯。

一九七五年的夏天，英國保守黨研究部（Conservative Research Department）的一位講者，正在討論英國保守黨為什麼應該要避免陷入極左與極右。他主張，他們應該要鍛造出嶄新的「中庸之道」。突然之間，一位女人站起身打斷他，女人從公事包中抽出一本書。她揮舞手上的書，讓眾人都能看清楚，然後說：「我們相信的是『這個』。」接著她把書摔在桌上。打斷了演講的女人不是別人，正是新當選的保守黨領袖瑪格麗特．柴契爾（Margaret Thatcher）。而她高聲支持的那本書則是《自由的憲章》（*The Constitution of Liberty*），作者是湯瑪士．薩茲的偶像弗里德里希．海耶克。

四年後，也就是一九七九年，柴契爾當選首相，開始將海耶克學派的政策引進英國。美國的雷根（Ronald Reagan）也大約在同一時間開始實施海耶克學派政策。我們現在要討論的就是這個轉變。這是因為，若要理解逐漸崛起的心理健康問題浪潮，以及生物精神醫學在對抗這個浪潮時的無能為力，那麼很重要的一件事，就是瞭解從凱因斯經濟變成海耶克經濟的轉變。

大衛．哈維（David Harvey）指出，新自由主義的基本理念是：「在一個以強大的私有財產權、自由市場與自由貿易為特徵的制度架構下，給予個體企業自由與技能，藉此使人類的福祉得到最好的進步。」[1]在真正實踐時，這套理念代表的是私有化、法規鬆綁和財政撙節。在一九七〇年代的多次文化戰爭和經濟大衰退之後，柴契爾和雷根想做的其實是反轉二十世紀早期的福利資本主義。雖然智利在美國施壓下，曾在數年前試著推動新自由主義的政策，但是在一九八〇年代早期，英國和美國都開始大規模削弱國家權力，限制社會福利制度。

在柴契爾和雷根做出這些改變後，全球多數國家立刻就跟著實行了新自由主義。新自由主義透過世界貿易組織（World Trade Organization）和國際貨幣基金會等國際金融機構與美國的帝國壓力進行全球化。隨著國家共產主義衰微，連俄國和中國也為了適應新的全球體制——或者至少在某種程度上混入其中——而逐漸將經濟自由化。大約在同一時期，英國工黨與美國民主黨等自由民主國內的傳統左派政黨也紛紛開始右傾。主要原因是新自由主義政府擊垮了參加工會的勞工，而媒體也不斷宣傳新自由主義的意識形態。在這樣的背景下，充滿理想的選民紛紛選擇新自由主義提出的個體自由概念，不再選擇更加偏向集體政治、需要支付高稅金的進步主義。

這個選擇幾乎對人類生活的每個方面都產生了極大的影響。事實上，正如哈維所寫的，在那之後，新自由主義的意識形態就「變成了獲得霸權的論述方式」。他繼續寫道，這種意識形態「對思考模式造成廣泛的影響，甚至已經結合在我們的生活中，也融入了我們詮釋與理解這個世界的常識中」。[2] 正如我們接下來會讀到的，這種整體上的變化，絕對會影響到我們對心理健康的感受與理解。

蘇聯解體了，其他試著建立共產主義的實體組織也紛紛解散，隨之崛起的是社會理論學家馬克・費雪（Mark Fisher）以後見之明命名的「資本現實主義」（capitalist realism）。他用這個詞來描述一種「無所不在的氛圍，不僅能調節文化生產，還能控制工作與教育，是一種能夠控制思想與行為的隱形障礙」，會使得資本主義看起來像是唯一能組織這個世界的方式。在這樣的背景下，階級意識與資本主義的概念變得無法受到有意義的挑戰，也無法被取代。雖然已經意識到資本主義會造成何種傷害，但人們卻難以想像出具有連貫性的替代方案並努力爭取。人們能做的事，只剩下努力變得正常、變得富有，與健康狀態不佳的其他勞工競爭。

對柴契爾來說，貧窮並不是一種結構性問題，而是個人問題。她在一九七八年的一次採訪中表示，人之所以會貧窮，是因為他們「不知道如何抓預算，也不知道如何花錢」。說到底，她認為原因出在這些個體具有「性格缺陷」。[3] 她在後來的演講中指出：「貧窮跟物質無關，而是跟行為有關。」[4]

這些轉變牽涉到人們對於心理健康惡化的理解，而心理健康的惡化則與不斷上升的不平等程度有關。在這段期間，富人因為市場不受限制而變得更富有，導致少數人手中的資本累積得更多。同時，勞工的權利也持續下降，他們對工作場所的控制力逐漸下降，工作時數必須比過去的勞工更長。伊恩・弗格森（Iain Ferguson）在二〇一七年的著作《精神疾病製造商：資本社會如何剝奪你的快樂》（*Politics of the Mind: Marxism and Mental Distress*）中詳細說明了這種情況對心理健康造成的影響。弗格森引用馬克思的異化概念，指出工作場所的這些變化，已使人們的心理健康狀況惡化了。他寫道：

> 過去三十年來實施的新自由主義政策，使就業者的心理健康狀態變差了。二〇一五至二〇一六年，在工作缺勤中，有三七%和壓力有關，在損失工作日中，有四五%的原因是健康狀態不佳。工作的強度增加是新自由主義的計畫核心元素，同時也是工作壓力廣為流行的原因之一。[5]

另一方面，低薪僱員與失業者會遭受最糟糕的影響。舉例來說，弗格森引用了一份二〇一七年的英國研究報告，指出心理健康問題與收入以及失業有直接關聯：在家庭收入最低的階層中，七三%曾在一生中遇到心理健康問題，而收入最高的階層是五九%。接著，「絕大部分的已失業人士（八五%）都表示他們遇到了心理健康問題，而擁有有薪工作的人，出現同樣狀況的比例則是六六%。」[6]弗格森進一步指出，撙節政策其實也和大幅上升的自殺人數有關聯。舉例來說，在希臘實施新自由主義的撙節政策時，隨著失業率上升，自殺率也一飛衝天。

與此同時，精神疾病患者獲得的社區照護沒有改善，還有許多新自由主義的政府刪減了醫療服務資金。因此，從眾多方面來看，自由主義的時代似乎已經讓心理健康惡化了，而生物醫學方法又只會使用粗糙的生物醫學工具來治療症狀，這樣是無法在精神疾病和精神障礙的洶湧漲潮中逆流而上的。

新的異化

若要理解這段時期的心理健康為何會惡化，其中一個方法就是重新理解馬克思所說的「利用異化適應當前時代」的概念。正如我們先前提到的，**異化，指的是在資本主義的勞動環境下更加遠離自我與他人**。對於馬克思來說，資本主義的結構性安排代表的是社會剝奪了勞工能控制生產的方法，且社會是用勞工生產利潤的工具式價值來定義勞工。馬克思認為，如果社會有效率地強制出售勞工的勞動力，只是為了讓勞工之外的人獲利的話，那麼勞工將會受到傷害，且他們的健康和成長也會受阻。此外，勞工的控制能力較低，也就代表了他們會更加遠離他們的創意活動與勞動生產：

人類的想像力、人類的大腦與人類的心所做的無意識活動，是不屬於人類自己的、個別運作的活動——也就是說，那是神聖或惡魔的異化活動——而勞工的活動也一樣是不屬於他自己的無意識活動。勞工的活動屬於他人；他在勞動中失去了自己。[7]

最重要的是，儘管馬克思並沒有使用心理健康的表達方式，但他確實指出了如今的醫學術語所描述的現象。他寫道，勞工在被異化的過程中「否認自己，無法感到滿足，只感覺到不快樂，無法自由發展自己的身體能量和精神能量，只能傷害自己的身體、毀壞自己的心靈」。

然而我們必須在此強調，馬克思在撰寫時，勞工的異化現象主要出現在製造物質產品的工廠中。為了瞭解後工業化經濟中的當代異化現象，我們要討論伴隨著新自由主義興起而出現的幾個改變。第一個改變是社會對於情緒勞動的依賴出現大幅增長，這就是社會學家賴特・米爾斯（C. Wright Mills）所說的「人格市場」，在這個市場中，「員工的個人特質、甚至親密關係特質，都被導引至交易的領域中，變成了勞動市場中的商品」。雖然從某種程度上來說，事實一直是如此，但在社會的重心從製造業經濟轉向服務業經濟後，人格在經濟關係中變得更加靠近核心。在現代的服務業經濟中，「親切與友善等感受和建立連結的方式，變成了大企業的個人化服務與公關中的一部分，企業將之合理化，並做進一步的銷售」。[8]

儘管米爾斯在一九五〇年代就記錄了這個現象，但一直到三十年後，美國社會學家亞莉・羅素・霍希爾德（Arlie Russell Hochschild）才首次正確地理解了「情緒勞動」的心理健康影響。此時服務業已成為美國經濟的主流，帶來了大規模的新形態異化，霍希爾德在一九八三年的著作《受管理的心：人類感受的商業化》（*The Managed Heart: Commercialization of Human Feeling*）中詳細介紹了此現象。霍希爾德用空服員作為說明：

對空服員來說，微笑是**工作的一部分**，她必須協調自我與感受，使她的工作看似毫不費力。若她看起來像是努力表現得愉快，那就是工作表現不佳。同樣的道理，空服員的另一部分工作是掩飾疲勞和煩躁，否則便等同於在工作時表現不得體，如此一來，這項勞動帶來的產品——也就是乘客滿意度——就會受到損害。空服員若能徹底消除疲勞和煩躁感受的話，會更容易掩飾這些情緒，至少在短時間內是如此，所以這份工作需要空服員付出情緒勞動。[9]

依據霍希爾德的論述，這種工作需要付出極高的情緒成本，因此「勞工可能會脫離或異化某個層面的自我」。[10] 她採訪的勞工指出，這份工作帶來的其中一個嚴重結果是壓力與環境反應性憂鬱。[11] 在霍希爾德撰寫此書的一九八〇年代，已經有電話公司免費提供煩寧（Valium）與可待因（codeine）等藥物給員工了，這些公司這麼做，是為了幫助勞工忍受情緒勞動的支出，讓他們比較容易進行有效率的生產。[12] 與此同時，藥物的數量正逐年增加，在許多情況下，服用這些藥物的人，都是在新興服務業中長時間工作的勞工。在霍希爾德初次提出這項分析的往後數十年中，藥物數量不減反增。

除了瞭解服務經濟與社會對於情緒勞動的依賴之外，我們需要瞭解的另一個重要事物是「認知勞動」（cognitive labour）。大約在同一時期，社會上出現了大量的技術創新，其中最引人注目的是個人電腦、網路與更廣泛的數位革命，這些創新帶來了所謂的「後福特主義」的興起，也可稱作「認知資本主義」。傳統工業資本主義的基礎是「身體勞動的累積」和物質生產，但自一九七五年左右開始，「累積的目標主要元素變成了知識，知識成為價值的基本來源，也是價值增加（valorisation）的主要部分」。[13]

法蘭克・貝拉迪（Franco 'Bifo' Berardi）在二〇〇九年出版了一針見血的著作《做工的靈魂：從異化到自主》（*The Soul at Work: From alienation to autonomy*），他在書中探討了這個時代的認知異化，以及認知異化如何傷害心理健康。正如貝拉迪所指出的，儘管建築師、旅行代理人、律師、電腦程式設計師等人，使用的都是相對類似的機器——主要是電腦和手機等——但他們會各自運用不同的專業知識與特定認知內涵（cognitive content）來生產剩餘價值。因此，目前的多數資本是由無數的單獨個體所生產出來的，他們坐在螢幕前打字、瀏覽、計算，使用不同的認知內涵產生無數種認知內涵，這些認知內涵能用來開採資本。

貝拉迪記錄道，資本主義的這個時期興起了一種社會組織，他稱之為「不幸福的工廠」（factory of unhappiness）。在福特時代，工作通常比較穩定，勞工只要負責製造過程中的一小部分就行了，可以在一天結束後把工作拋在腦後。接著，勞工會回歸私人生活，可以放鬆或做些自己感興趣的事。相比之下，到了後福特時代，由於工作變得較零散、較不穩定，僱主也可以隨時用電話與電子郵件聯絡到勞工，所以家庭和工作、公眾和私人、就業和失業之間的分界也崩解了。

與此同時，我們與資本和生產的關係逐漸擴展到工作之外，開始以其他方式侵入週末與晚上。上網也就代表了我們每時每刻都在接受廣告轟炸；在社群媒體上張貼的內容會被網站所有者轉變成利潤；使用應用程式之前得先填寫簡短調查。我們在上網或使用數量不斷增加的應用程式時，演算法都在不斷以不明顯的方式引導我們，這些演算法的設計目的就是操縱我們的注意力、記錄我們的行為、觸發我們的情緒，並影響我們對資本服務的渴望。

用貝拉迪的話來說，這些因素組合起來之後，帶來的結果就是惡化的心理健康，同時我們的「渴望能量被困在個人企業的詭計之中，我們的慾望投資受到經濟規則的束縛，我們的注意力集中在虛擬網絡的不可預測性上：心理活動的每一個片段都必須被轉換成資本」。[14] 因此，貝拉迪認為後福特主義帶來的是一種新形態的異化，這種異化「特徵是靈魂的服從態度，在這種服從之中，具有生命力、創造力、語言與情感的肉體存在被價值生產吸收，合為一體」。[15] 根據他的分析，這種不穩定性和流動性導致了持續的憂鬱、焦慮和恐慌——這些問題在二十世紀末變得越來越普遍，在進入千禧年後的後福特經濟體中急遽增加。

神經多樣性障礙

若說在單調的福特時代中，工作的特徵是無趣，那麼後福特主義的特徵就是焦慮與憂鬱。不過，資本主義中的改變所造成的影響不僅於此。一如工業革命帶來了新的身體常態，數位革命和認知資本主義也在教室和工作場所帶來了限制式認知、情感和注意力的新常態。資本主義的感覺認知（sensory-cognitive）更加強化了，這代表的是有更多人在不同程度上被教育與工作拒絕，並因此以不同的方式受到傷害。社會不再把他們視為有心理健康問題的「普通」勞工，而是障礙者，即使有些人仍能工作，但仍被歸類為剩餘人口。在這樣的背景下，開始有越來越多兒童與成人被診斷出當時稱作「陰影症候群」（shadow syndrome）的新型障礙——指的是當時可診斷出的精神疾病的輕微症狀版本。越來越多人因為新經濟體的需求、組織、感覺條件、認知條件與情緒條件而受到傷害，並被歸類為無法適應者。

其中一個重要例子在我們這個年代顯而易見：自閉症。論及社會對於社交能力、超高彈性與情緒勞動的要求時，社會中上升的不只是一般大眾承受的壓力，同樣上升的還有自閉症診斷。在此之前，只有相對有限的案例被診斷成自閉症，如今數字卻出現急遽上升。[16] 一九七九年，也就是柴契爾當上首相的那一年，自閉症首次被放寬成光譜，這個光譜在接下來的十年間開始擴展。自一九九〇年代以來，人口中有越來越高的比例無法滿足新經濟體所需的社交能力、溝通能力與感官處理能力，這種狀況在二〇〇〇年代格外顯著，比例上升到了史上新高，同時自閉光譜也不斷拓寬。自閉症診斷變得極為普及，已經直接應用在那些無法在後福特時代的服務業經濟中找到工作的人身上了。舉例來說，二〇二一年的一份英國政府報告指出，在罹患自閉症的人口中，只有二二%的人有工作，但在他們之中，其實很多人都希望能受僱。[17]

此處的重要關鍵，不只是服務業經濟對於情緒的要求，還包括了現代世界的環境中充滿了具有攻擊性的感受與資訊，如今的經濟關係需要接受燈光、廣告、螢幕等事物的持續轟炸。在這樣的環境下，許多研究指出自閉症人口的高焦慮感和所謂的「感官過度反應」（sensory over-responsivity）有關。[18] 一位自閉症者寫道：

我難以處理明亮的光線和噪音，我痛恨搖晃或旋轉的移動方式，我無法應付大量人群，他們總是競相發出大量聲響，我的嗅覺時常受到過度刺激……感覺就像是我的大腦受到用力擠壓，我的所有肌肉都處於緊繃狀態。我的心跳加速，呼吸加快。在這種狀況下，我會失去理性思考的能力，我的思緒聽起來就像是許許多多重疊在一起的無意義音節。[19]

在同一時期，新自由主義和認知資本主義又使節奏強烈的生活加快了速度，導致認知處理速度較慢的人變得更加失能。正如羅伯特・哈桑（Robert Hassan）所寫的，福特時代「以機器和工廠為基礎的做事方法有一種特殊節奏，比現代慢多了」。他繼續寫道，相較之下，如今則是：

有效率指的是……在有需要的時候能夠**快速移動**你的身體、認知、心理和各種隱喻層面的特質。你可能必須時常靈活地改變工作方式、靈活地改變意見（對多數人來說教條主義已經不適用了）、靈活地改變物理位置，或者……能夠在情況快速改變以及遇到快速發展的事件時有能力**同步**。[20]

這種經濟要求不只會影響已經受僱的成年人，也會影響兒童，當代的整體社會條件也會對兒童的生活環境產生決定性的影響。有了這些理解後，我們也就不會對此感到訝異：自一九八〇年開始，以「反抗變化」和「需要同一性」為核心標準的診斷方式出現了迅速擴展。在持續變化且極不穩定的後福特世界中，人類必須以飛快的速度過生活，這是前所未有的事情。

我們會看到其他病症的診斷也出現了同樣的動態變化。在此要注意的是，由於後福特時代帶來了感官與訊息的持續轟炸，導致這段時期的「注意力」越來越稀缺。舉例來說，貝拉迪曾強調我們在現代社會中會發現：

視覺和聽覺資訊占據了我們每一吋的視覺空間與每一秒的時間。公共場合（火車站、機場、城市街道和廣場）的螢幕漫射出光芒，這是占用狀況浮濫的重要元素之一……無論你身在何處，注意力都會不斷受到襲擊……認知空間充滿了太多焦慮誘因，要你採取行動，這就是我們這個時代的異化。[21]

隨著社會對認知注意力的限制越來越嚴謹，障礙者的人數大幅上升，醫師將這種表現診斷為注意力不足過動症（Attention Deficit Hyperactivity Disorder，簡稱ADHD或過動症）。研究指出過動症兒童常有綜合的感官處理問題，這些問題也會連結到焦慮、人際關係與教育成果的問題，這個結果符合貝拉迪提出的例子。[22] 自一九八〇年代以來，越來越多診斷出過動症的兒童與成人，需要靠藥物維持他們在教育場合與工作場所中需要的行為能力，並應對日常生活中的認知壓力。舉例來說，一項研究表示，在一九九二至二〇一三年間，十六歲以下兒童服用過動症藥物的普及率增加至三到四倍。[23] 然而，儘管許多人認為藥物是有幫助的，但過動症患者仍容易遇上長期就業問題，他們被解僱的機率比一般人高了六〇%。[24] 事實上，在標準的過動症檢測中，許多問題都和工作技能有直接關聯，包括能否專注於重複性工作、能否計劃和組織等。

這並不代表在後福特時代之前就沒有這些問題，也不代表自閉症與過動症不是真正的障礙。這兩種疾病和糖尿病以及失智症一樣「真實」。但某種程度上來說，現有的障礙與疾病是以非典型神經發展為基礎，而在資本主義的這個時期，許多時候，非典型神經發展的診斷範圍都會被大幅擴張。在過去的社會看來相對良性的特質，已被視為一定程度上的障礙，而那些只帶來最低限度障礙的特質，如今可能會變得非常明顯。這種狀況隨著資本主義的強化而越加顯著，極為常見的情況是：在日常生活中，無論是在工作時間或閒暇時間，感官經驗與認知處理的每一個層面都是這種狀況建構出來的，或者至少也受到這種狀況的污染。問題並不是科技本身，而是資本服務大量使用了科技，還有其他與資本主義彼此交織的各種優勢體制也使用科技，導致許多人一直處於疲憊的狀態，遠不只在工作場所而已。只要稍微有一點偏離當代無比受限的認知常態，就會因此在發展和成長過程中遇到越來越嚴重的抑制。

事實上，從很大的程度上來說，這些形式的障礙，其實是人類在面對整體神經光譜的問題時所做出的極端表現。畢竟這些問題影響到的是每一個人，而不只是在這種環境下遇到障礙的人。舉例來說，在科學文獻中一般而言，現代人工照明與憂鬱症和其他健康問題有關聯；[25] 接觸螢幕的時間過長和慢性過度刺激、心理健康問題以及認知障礙有關聯；[26]噪音煩擾程度和憂鬱症以及焦慮症的數量增加至兩倍有關，尤其是飛機、交通和工業造成的噪音污染。[27]一項研究依據家長的回報指出，如今的幼兒園中，有五．三%的孩子遇到具有臨床顯著性的感官處理障礙。[28]我們先前就已經讀到，**密集認知或情緒勞動帶來的異化會對所有人造成傷害**。

然而，依據新高爾頓病理學典範來判斷，這些形式的障礙不是個人與環境之間的關係所構成的，而是一種個人缺陷。值得注意的是，正如高爾頓在二〇一二年所觀察到的，多數心理計量師「工作時似乎仍在使用高爾頓時期設下的參數；通常他們會研發出更複雜的模型，不然就是設計出新的測量儀器」。[29]正如心理學家柯特．丹席格（Kurt Danzinger）所說，在論及障礙與疾患時，人們往往會遵循較老的傳統：

以高爾頓方法使用統計學，大幅推動了人們創造出新的分類，這些分類的定義是受測者在心理評估中的表現，其中最常見的是**智力測驗**。依據心理測試的分數，受試者會成為某個純理論分類的一員，而這些分類被創造出來的目的就是心理學研究。由於心理學家可以創造出無數種分類，並探討這些分類之間的統計關係，所以也為相關研究開啟了前所未有的前景。[30]

同時，這也符合克雷佩林在一九一九年提出的「大眾精神醫學」，為人們測試每一種能力，因此到了二十世紀末，心理測量已經出現了急速擴張，教育場合與工作場所已研發出一套令人眼花撩亂的新測試，舉例來說，就連相對較低階的職位也要測試受僱者的能力與才能。[31]

在精神醫學中，人們往往會藉由「潛在變數」（latent variable）的概念來具體化這些新分類，這個概念認為，每個個體生來就具備一些常見變數，這些變數會導致心理測試的各種常見結果，也能用來解釋這些結果。因此，精神醫學認為測試結果相似的人擁有同樣的、但尚未被發現的內在認知障礙（缺乏同理心、執行能力失常等）或神經障礙（鏡像神經元出錯等）。生物醫學研究人員的假設是，這些核心認知缺陷背後的基礎是生物標記，並認為他們可以用更準確的方式做出診斷與治療。病理學典範在這個時期占據主導地位，使「精神障礙源自個人功能障礙」的觀念取得徹底的霸權。

新自由主義常態化

隨著斯比澤學派與新自由主義的崛起，常態化的文化實踐也有了改變，多樣性變得更加貼近常態了。體現這種變化的其中一個場所是監獄複合體。在這段期間，被監禁在監獄體制中的精神障礙者和學習障礙者持續增加。到了二十一世紀初期，美國與英國的監獄受刑人中，超過五〇%有閱讀障礙，約四分之一有過動症。加之，「美國規模最大的幾間心理健康中心都在牢房中提供服務，而被診斷出嚴重精神障礙的人之中，有四〇%的人會在一生中至少被逮捕一次」。[32] 如今最有可能被警方逮捕、被警方騷擾或在警方拘留的過程中死去的，正是被診斷出精神障礙的人，尤其是黑人。

在同一時期，監獄的藥品使用量急遽增加，此外，監獄也會在受刑人身上使用電子腳鐐和生物醫學風險評估。社會學家萊恩・哈奇（Ryan Hatch）將之稱作「技術矯正」，目標是降低成本、壓低監獄人數，並使受刑人變得更順從。因此，以二〇〇〇年的美國為例，「九五％的最高風險與高度風險的州立監獄，都分配了精神藥物給受刑人，在中度風險的監獄是八八％，而最小風險與低風險的監獄則是六二％。」[33]莉亞特・班－莫沙也強調，監獄環境容易使心理健康惡化，甚至連談話治療也常會在監獄中導致另一種壓迫。她在描述美國監獄的一個案例時寫道：

在這個團體治療的現場，多數參與者都是黑人，全都是男性，每個人都被關在牢籠裡。這不是誇示法，而是直白的事實。在這次治療中，每位參與者都被關在一個由鐵欄杆構成並上了鎖的小籠子裡，他們的腳踝上扣著鐵鍊（這些參與者能在這個小籠子裡逃到哪裡去呢？我們沒有被告知這一點）。所謂的治療師（這個人從頭到腳都是白色）坐在這些籠子外，詢問那排籠子裡的人，他們過得還好嗎、這週的進展如何，並詢問他能觀察得到的新傷是怎麼回事等等。一名警衛正繞著這些籠子巡視。[34]

她寫道，在美國監獄中，這通常就是受刑人能得到的最佳心理健康照護了。

在監獄體制之外，由於人們將精神障礙視為一種會遺傳的、有害的功能障礙，導致有越來越多人認為：常態化是一種該在更年幼時開始的義務。以自閉症為例，行為介入治療仍把焦點放在使用獎勵系統來常態化神經多樣性。這件事已經發展成了價值數十億美元的產業，人們成立大型學校來推動強迫式的常態化，在美國各地尤其如此。無數自閉症社運人士反對這種制度，他們認為這種常態化是有害且去人性化的扭轉治療，儘管如此，英國與美國使用最廣泛的方法仍是行為治療，而且常有人將之稱為自閉症介入療法的「黃金標準」。

新自由主義藉由相似的邏輯，帶來了馬克．費雪所謂的「壓力私有化」。[35]在壓力私有化中，自我照顧變成了個體的必要道德行為，對自我管理的關注從政府支持變成了個體行為，而政府的支持則越來越有限。**健康和正念的相關產業迅速擴展，功能是幫助疲倦的人們適應逐漸變長的工時與日益惡化的生活環境**。英國政府對焦慮症與憂鬱症患者提供的支持服務，通常會是數次認知行為治療，目標很明確，就是要幫助他們回到職場。這只會增加人們的異化，對大部分的深層問題和心理疾病造成的社會損害都沒有任何改善。在部分狀況下，我們也會看到薩茲主義和新自由主義緊縮政治彼此融合。正如費雪在二〇〇九年於英國福利政策的討論中令人矚目的重點：

> 在這個精神疾病罹患率上升的環境中，新工黨（New Labour）在執政第三任期初已承諾過，要減少無勞動能力津貼（Incapacity Benefit）的人數，這也就代表了過去有許多獲得此津貼、甚至多數獲得此津貼的人顯然都是詐病者。

他繼續指出，事實上：

> 在獲得津貼的人中，有很大一部分人會受到心理傷害，都是因為資本現實主義者堅稱採礦等行業已經失去了經濟上的可行性……許多人只是在後福特主義這種駭人又不穩定的環境下屈服了而

己。[36]

我們可以在此看見，具有文化影響力的薩茲主義概念（也就是所有「精神疾病」都是為了避免責任的裝病）是如何結合了越來越多人承受的壓力、恐慌症與憂鬱症，餵養出新自由主義的意識形態。對薩茲與新自由主義來說，每個人都只是個體，都必須對自己的定位、能力與無能力負起全責。依據薩茲思想與其海耶克式的世界觀基礎帶來的影響，只要患者缺乏定義明確與可辨識的生物學缺損，他們就是詐病者，是在假裝自己正因為不存在的假病而受苦。

這個時期和一九四〇年代互相呼應，對那些被判定為精神患者的人來說，有越來越多人認為，我們如今認知的腦部疾患是一種經濟「負擔」。舉例來說，古斯塔夫森（Gustavsson）等人在二〇一一年的一篇文章中寫道：

> 二〇一〇年，歐洲用在大腦疾患的總支出大約是七千九百八十億歐元。在所有支出中，占最大部分的是直接支出（三七%是直接健保支出，二三%是直接非醫療支出），剩餘的四〇%非直接支出，是與患者有關的製造損失……在現今與未來的歐洲健康照護中，腦部疾患很可能是排名第一的經濟挑戰。[37]

人們認為精神疾病是源自遺傳風險因子的腦部疾病，加上新自由主義的興起，以及人們對於「製造損失」的憂慮，帶來了新形式的生殖控制。然而國家並沒有執行生殖控制，生殖控制變成了一種被提供的服務，或者是留給民間組織提倡。有些地區提供產前穿刺的神經多樣性測試，例如唐氏症，這些地區的墮胎率會急速增加，導致社會支持和生活品質研究的資金減少。英國的神經多樣性人士指出，私人精子銀行常因為捐贈人被診斷出讀寫障礙或自閉症而拒絕接受捐贈。[38]有鑑於新自由主義的秩序，在這種狀況下，這些流程並非取決於獨裁政府的政策，而是取決於民間組織與市場力量的運作，而這些運作則會符合神經基準性的霸權概念。

而安・麥奎爾（Anne McGuire）則描述了較接近神經典型的孩子，會如何被視為一項優秀的投資：

> 人們認為在童年——也就是在生物學中視為成長與發展的階段，同時也是充滿天真與希望的感性與戀舊時期——經歷的常態時間，正是看似永無止境的「以後」；孩子在（常態的）生物時間表中被定位在「早期」，所以人們認為孩子擁有更多人人渴望、也值得渴望的時間商品，更多尚未實現的未來。在「時間就是金錢」的新自由主義制度中，孩子被視為「時間的有錢人」，因此孩子是絕佳的投資機會。[39]

簡而言之，對神經多樣者來說，這個世界變得越來越不適合居住，而個體與私人公司則必須自行決定，在這個無法順應神經多樣性的世界中，是否應該重現神經多樣性的生活。

雖然每種方法都源自不同的因素，不過它們之所以能統合起來，有部分原因在於每種方法都符合斯比澤的構想所預料的，也就是神經多樣障礙不只是天生的功能異常，也是天生的有害特質。事實上，正如我稍後會再回過頭來討論的，這種想法有時甚至會導致人們覺得神經多樣者最好徹底不存在。在考慮到這一點的同時，很重要的另一件事，是要考慮高爾頓典範的使用範圍在這段時期變得更加廣泛。在千禧年前後，人們對「理想人生」的想法也越來越偏向高爾頓學派。

在文化層面上，我們可以從美國在新自由主義時代的個人主義發展中看到這一點，根據多項研究顯示，多數美國人認為他們的智力高於平均值。[40] 儘管這是一種幻覺——根據定義來看，不可能出現多數人高於平均值的狀況——但人們的經濟定位與物質累積確實使這種幻覺持續存在。鮮少有人想要異於常態——怪異、不尋常等。然而，根據高爾頓的思想，每個人都希望能比常態更好，而大多數人都認為自己確實如此。

事實上，即使是心思縝密的倫理學家，對理想生活的想像仍受到了高爾頓的影響。舉例來說，哲學家瑪莎·納思邦在二〇〇六年的著作《正義的界限》（*Frontiers of Justice*）中寫道：「物種的常態（在經過適當評估後）能告訴我們，該用哪一種適當基準，來判斷某種生物是否有機會能發展繁榮。」納思邦因而認為，常態化不只具有醫療必要性，也有道德必要性。因此她指出，人們要為自閉症付出額外努力，幫助他們「獲得核心能力，以構成人類這個物種的部分常態」。[41] 這種思考方式大幅合理化與個人化了在人們眼中與神經多樣性有關的損害，也使得常態化神經多樣性的必要性變得自然而然。

大約在同一時期，人們仍在繼續要求針對患者強制執行治療。新自由主義的壓力私有化，加上資本主義中不斷強化的分工，使個體將情緒處理程序外包到正在不斷擴展的嶄新治療產業中。然而，這種轉變卻使得忙碌又資金不足的勞工，必須付錢去進行他們無法負擔的治療，而這些治療不但可能毫無效用，甚至可能會帶來傷害，同時又會使更有錢的人因為有能力把情緒處理程序外包給最好的治療師，所以認為自己已得到道德啟蒙，而最好的治療師每小時的費用可能會達到數百英鎊或美元，接著，這些富有的客戶會把這種治療轉換成文化資本。

正如傑瑞米．阿佩爾（Jeremy Appel）所寫的，在加拿大等醫助自殺（physician-assisted suicide）合法化的國家，近年來使用此服務的人數逐漸上升，「障礙者寧願申請死亡，也不想依賴微薄的福利活下去。」[42]正如阿佩爾所說，雖然理論上來說，醫助自殺的重點在於給予疾病末期與身陷極端痛苦的患者選擇並減少傷害，但實際上，「加拿大的安樂死代表了在末期資本主義的殘酷邏輯中，社會福利已邁入見利忘義的最終之戰」。首先你會失去「過上有尊嚴的生活所需的資金」，接著再把死亡這個選擇定位成一種自由，而非脅迫的結果。雖然醫助自殺的選擇確實能增加患者的自主權，但若從新自由主義經濟體更宏觀的視角來看，醫助自殺只提供了極小的範圍給患者實踐自主權。

於是，人們在新自由主義的意識形態浪潮中，輕易接受了斯比澤學派把障礙視為有害功能障礙的概念，如此一來，常態化與優生學控制也就延續了下去。現代方法與高爾頓方法之間的差異在於，在高爾頓的描述中，異常認知造成的社會危害主要出現在社會層面，因此該由政府介入治療，而現代方法往往會把壞事歸類在個體層面，因此是個體該負責的問題。優生學的責任轉為私有化，人們認為他們要消除神經多樣性並不是因為它會威脅到社會，而是因為它本身就是有害的，同時也會對表現出神經多樣性的人造成危害。因此，生物倫理學家黛博拉・巴恩博（Deborah Barnbaum）教授在二〇〇八年的書《自閉症的倫理》（*The Ethics of Autism*）中指出，只要產前診斷的技術能判斷胎兒是自閉症，醫師就有「道德責任」執行流產，這是因為自閉症者天生就無法過上理想的人生。

第9章
神經多樣性運動
The neurodiversity movement

茱蒂・辛格呼籲眾人理解「神經多樣性的政治」，
再加上布盧姆的報導，推動了這個自閉症社運人士的先驅社群，
點燃了神經多樣性運動的跨國火花。

一九九七年六月，一位正在就讀兼讀制社會學位的年輕女子在《紐約時報》上讀到一篇文章，作者是記者哈維・布盧姆（Harvey Blume），標題為〈自閉症者在網際空間中連結〉（Autistics are Connecting in Cyberspace）。這篇文章立刻引起茱蒂・辛格的注意。[1]布盧姆寫道，有鑑於近年來網路的可用性越來越廣，「許多美國的自閉症者都開始進行這個症候群本應阻礙他們做的事：溝通」。他們會這麼做，其實並不只是因為在線上建立連結比面對面容易。布盧姆詳細指出，除此之外，有越來越多「自閉症者不願意、也無法放棄他們自己的習慣（custom）。取而代之的是，他們現在正在提出嶄新的社會協議，將神經多元論視為重點。」也就是說，他們不是因為壓力而表現得更貼近「常態」，而是反對這麼做，並在網路上建立連結的過程中反抗「自閉症需要被修正」這一點。

當時辛格在澳洲的雪梨科技大學（University of Technology Sydney）修習社會學。辛格先是從醫學系休學，再轉而就讀社會學，進一步瞭解她關注的各種政治。她關注的其中一個主題是障礙政治（politics of disability），辛格在讀到布盧姆的文章之前，就已經覺得自己位於自閉症光譜中了——自閉症光譜是當時人們知之甚少的症候群，主要和社交問題、溝通問題、受限的興趣、受限的習慣有關。她發現在自己的生活中，有許多問題和自閉症者的問題相呼應，當時她已經加入了許多不同的線上自閉症團體，認識了其他自閉症者。此外，辛格也已經開始透過社會學研究障礙的視角來思考自閉症，將障礙視為一種社會問題，而非個體問題。

辛格之所以會受到布盧姆的文章所吸引，除了因為這些經驗之外，也因為她對於布盧姆所描述的「神經多元論」感同身受，也能理解在這個神經典型的世界中拒絕放棄自閉症習慣的心情。其中最重要的是，辛格對自閉症反抗性格的理解，是基於她身為流亡猶太人的經驗。也就是說，她屬於拒絕同化的外來者團體——而他們也因此付出了代價。[2] 畢竟，辛格自己就是大屠殺倖存者的女兒，她母親在二戰後搬到了澳洲。儘管辛格是在澳洲出生長大的，但她仍覺得自己在這裡就像是個外來者。身為流亡者的傳承與經驗，使辛格能深入體會神經多元論的新政治，以及在面對巨大的社會壓力時，拒絕放棄自閉症習慣的想法。

因此，辛格在讀了布盧姆的文章後，迅速聯絡上他，成為「自閉症光譜的獨立生活」（Independent Living on the Autism Spectrum）這個新社群的成員之一。她不但在一年內融入這個社群，還提出「神經多樣性」這個更簡潔的概念，提供歷史上首次出現的持續性社會學分析，將這些想法定位於障礙研究領域中。這樣的經驗讓她得以在一九九九年的書籍章節中呼籲眾人理解「神經多樣性的政治」，再加上布盧姆的報導，推動了這個自閉症社運人士的先驅社群，點燃了神經多樣性運動的跨國火花。

辛格在這項重要的研究中指出，人們應該把神經多樣性視為「原本已熟悉的階級、性別、種族等政治分類的新增項目」。[3] 她將自閉症概念化成一種人們尚未認知到的集合（intersection），藉此設想出一種新的民權運動，能夠引導這個社會發展成她所謂的「生態」社會。對辛格來說，這個社會看待神經多樣性的方式，應該要像是生態環境保護者看待生物多樣性那樣，因此，這個社會應該要改變社交與物質的條件，滿足並保護自閉症者的生活方式。這些改變，包括在政策制訂與行動方面變得更包容，並建立合適的認知位置，藉此協助社會培養自閉症者的繁榮發展與包容能力。這和主流的社會組織方式截然不同，主流方式是隔離障礙者，並對自閉症者例行性地施加壓力，要他們更接近「常態」。這場運動的核心思想是由無數行動主義者和活動家共同發展出來的，而辛格的貢獻是將這些新興的想法，根植在障礙研究發展出來的理論體系中。在這之後，辛格所建立的理論基礎引導了往後的運動走向、戰術與展望。

障礙理論

若要瞭解這些想法源自何處，我們必須回到更久之前。事實上，我們要一路回到一九六八年，當時三十歲的維克．芬克爾斯坦以難民的身分來到英國。芬克爾斯坦是政治活動家，曾因為參與反種族隔離運動而遭到監禁。他也因為疑似是共產主義者，而被禁止出入南非五年。不過，監禁他的政府當局沒有意識到，他們對待他的方式，卻幫助他發展出了足以改變世界的想法。

對政府來說，芬克爾斯坦帶來的問題在於，他在十六歲的一次意外摔斷了頸部，從此之後就必須使用輪椅。這也就代表政府為了監禁他，就必須順應他的身體損傷而做出各種調整。由於政府在適合的狀況下能找到方法順應他的障礙，所以芬克爾斯坦開始思考，社會是否應該施加壓力讓政府可以——以及應該——在預設的狀況下做出這些調整。在這十八個月的拘留期間，他也注意到他因身體障礙而被隔離的經驗，以及他反抗的種族隔離之間，其實有更多相似之處。他因此開始探索歷史的過往力量，是如何導致了障礙隔離這樣的結果，以及改變這種結果的可能性。

一九七〇年代，肢體障礙者反隔離協會（Union of Physically Impaired Against Segregation，簡稱UPIAS）正式化了這些想法。該協會是由一群支持馬克思主義的基進障礙社運人士所組成，過去曾在倫敦的一間酒吧見面。這個團體是芬克爾斯坦和另一位身心障礙社運人士保羅・亨特（Paul Hunt）在一九七二年共同創辦的，亨特從小就在英國各地被拘留過。他們兩人結合了彼此的過往經驗，意識到他們的障礙其實是物質社會因素的產物，而不只是身體的問題。他們在一九七五年發表的文件《身心障礙基礎原則》（*Fundamental Principles of Disability*）中闡明了這種想法，並在其中提出了一個概念，被往後的人稱為障礙的「社會模式」（social model）。

他們將這個新模式拿去和個人模式以及醫學模式做比較。醫學模式認為障礙源自損傷與功能異常。也就是說，如果一個人的身體出了問題，就會導致這個人沒有能力做到普通的事。依據這樣的思想——當時這種想法仍屬於霸權——障礙是一種會影響個體的生理悲劇。在許多案例中，人們都認為障礙的本質會使人沒有機會過上充實的理想人生。個體能指望的最好結果就是獲得醫學治療，減少障礙對日常生活的影響。

UPIAS幾乎拒絕了所有和這個傳統框架有關的想法。他們的核心理論運動是拒絕接受「身體損傷」與「障礙失能」之間的因果關聯。相反地，肢體障礙反隔離協會認為：

> 是這個社會使身體損傷者遇到障礙。是因為我們遭受了不必要的隔離，被排除在完整的社會參

與之外，所以障礙才會被強制施加在我們的身體損傷上。[4]

依據這個觀點，是物質環境和社會的結構與行動（例如沒有通往建築內的緩坡）將障礙「強制施加」在那些身體損傷者身上的。他們承認損傷真實存在，也是身體的一部分，但他們拒絕預設損傷代表了障礙就是個體的悲劇。從這個角度來看，障礙者遭遇的主要問題是邊緣化和壓迫，而不只是個人醫療。換句話說，障礙——或者至少就肢體障礙而言（UPIAS將認知障礙排除在他們的論述之外）——不再是個體醫療問題，而是與整個社會環境以及物質環境有關的問題。

雖然這種社會模式通常可以追溯到UPIAS，但值得注意的是，其他基進群體也在差不多的時間點發展出了類似的觀點。舉例來說，以薩米．沙爾克（Sami Schalk）所說的，美國的黑人權力與馬克思列寧主義組織——黑豹（Black Panthers）也開始認為，障礙者解放與集體解放有密切關聯。因此，到了一九七〇年代晚期，黑豹開始支持基進障礙行動主義。他們「迅速採用了障礙者提出的社會模式，這是因為這種模式符合他們對於種族與階級壓迫的理解，這種壓迫源自更大規模的社會偏見與失敗」。[5]

其他組織開發的社會模式和類似的分析法，也都成了障礙人士推行運動的理論基礎，該運動在剛開始數十年間主要聚焦在肢體障礙上。他們把焦點放在「態度、身體結構、社會期望與社會支持不足」是如何抑制了障礙者的運作能力與發展，這場運動因此而在法律和社會方面獲得意義重大的認可，也在去除障礙者的阻礙與隔離時取得顯著的成果。這場大規模運動正是為什麼如今在英國與其他國家中，建築物通常都會設置障礙者停車位、無障礙洗手間、坡道等。英國、美國與其他國家都因為這場運動，而在法律上為障礙者的權利帶來了重大益處。

早期的自閉症社運人士在反抗「他們所經歷的障礙失能全都源自個體損傷」這個想法，正是從這種思考模式開始的，而不是從薩茲的思想開始。舉例來說，根據早期的自閉症權利提倡者吉姆・辛克萊（Jim Sinclair）在一九九三年的一篇重要文章中所述，自閉症的悲劇之所以會發生，「不是因為我們是什麼樣子」，而是因為在這個無法順應自閉症處理模式和溝通模式的世界中「發生在我們身上的事」。[6] 自閉症社運人士還認為，自閉症者在學習和理解方面遇到的許多問題，歸根究柢，其實是因為社會上的感官環境無法順應自閉症的感官處理方式。若能改變身體結構、假設、期望和規範的話，就可以改善許多自閉症障礙。他們也主張，可以把不同人的想法視為具有不同專長，而這些分歧的想法並不一定是種缺陷。

布盧姆正是因此而對「神經多元論」這個新興概念做了報導。正如辛格後來指出的，這個概念為她的重要研究提供了「智識框架」。因此，辛格的部分干預行為，是闡明早期自閉症社運人士的觀點並將之正式化，這些社運人士率先將此社會模式應用在神經障礙上——接著再將之用作新運動的基礎，而這場新運動將會在未來成為更廣泛的障礙人士運動的一部分。

多樣性

神經多樣性這個詞彙中的「多樣性」有兩個來源。第一個來源是二十世紀的大型民權運動與彩虹驕傲運動之後，社會開始轉而讚揚不同形式的人類多樣性，如文化與性傾向等。除此之外，早期的神經多樣性提倡者開始提問，神經多樣性是否同樣可以被讚頌？可以成為一種驕傲？而不是一種天生的悲劇偏差。正是在這樣的基礎之上，神經多樣者開始重新取回診斷分類的主導權——包括自閉症、動作協調障礙等——藉此辨認出具有共通特質的障礙類型，同時反抗「障礙源自個體功能缺失」的概念。值得注意的是，他們因此得以避免薩茲學派「不承認障礙的存在」的錯誤，同時又能集體反擊錯誤的病理化與控制。於是，神經多樣性保留了反精神醫學帶來的益處，又避開了該思想帶來的最大傷害。

在神經多樣性中，「多樣性」的另一個來源，和神經多樣性理論的最原始貢獻有較高的關聯，這個來源就是把生物多樣性視為維持宏觀生態系統的關鍵因素。這種想法在一九六〇年代出現，當時越來越多科學家和社運人士擔心，資本需求正為了獲利不斷消耗天然資源，不僅導致有限資源逐漸耗盡，而且還會破壞生態平衡。到了一九九〇年代，「重視與保護生物多樣性」的觀點已成為公眾意識中較進步的觀念——辛格與布盧姆正是擴展了這個觀點，將之理論化成為神經多樣性的概念。

我們只要探討哈維·布盧姆在一九九八年的報導中如何使用「神經多樣性」一詞，就會注意到這一點。（雖然布盧姆與辛格的電子郵件對話推動了這個概念的發展，但也是布盧姆率先公開發表這個概念。）布盧姆準確地把這個概念描繪成一種對「常態大腦」提出的質疑。他是這麼寫的：

在現今的認知研究中，較常見的假設是人類大腦中出現偶爾的錯誤是不可避免的事：因此才會有自閉症和其他偏離神經常態的狀態。自閉症者建議人們採取另一種觀點，神經多樣性之於人類，有可能就像生物多樣性之於生命那麼重要。誰能確定神經常態的大腦無時無刻都比偏離神經常態更好呢？[7]

根據布盧姆的理解，這種轉變源自人們的觀點從「心理功能分為正常與異常」——也就是常態享有特權被視為比較優越，轉變為「在宏觀的認知生態系統中，不同的思想方式即是一種不同的認知專長」。他舉例道：「電腦文化對偏向自閉症的思想方式來說可能比較有利」。這種觀點和高爾頓思想形成鮮明對比，布盧姆認為，人類在不斷變化的環境中遇到複雜問題時，神經多樣性是解決問題的關鍵。從這個觀點來看——即使我們暫時把倫理問題放在一旁——消除神經多樣性是一件沒有道理的事，這麼做只會阻礙人類的集體運作。

辛格在文章中提出的相關見解，結合了自閉症社運人士與障礙研究的觀點。在她的文章中，她針對「常態」身體的概念與障礙的社會模式提出批判，藉此奠定神經多樣性的基礎。儘管她因為文章的限制而無法詳細闡述這個基礎理論，不過她確實指出，神經多樣性運動的目標是建構「生態」社會，這個社會將會配合自閉症者建立適合的認知位置，提高包容性。更全面來說，她認為我們必須為人類的繁榮發展而保護與支持多樣性。因此，此理念和高爾頓思想有顯著的差異，高爾頓思想認為，社會應該以系統性的方式把「非常態」推向「常態」；而辛格則指出多樣性本身就是「健康」神經功能的一部分。

雖然辛格的研究在正式化新興的自閉症社群建立理論這方面帶來重要幫助，但從許多角度來看，她的研究仍未發展完全。這裡至少有兩個值得我們注意的關鍵問題。第一個問題，她將自己的分析方法限制在她所謂的「高功能」自閉症中。這使得大幅偏離神經常態標準的自閉症者退回至個體化的醫療模式中。從這個問題看來，她的分析法至少在一定程度上，保留了病理學典範的明確階級系統的痕跡。保留了這種痕跡帶來的實際影響是，她的分析方法將會排除掉許多認為神經多樣性方法有幫助，且希望被含括其中的自閉症者（與其他神經多樣者）。由此可知，她的分析考慮得不夠遠，若採用這種分析法，可能無法克服高爾頓典範的觀點，到了最後反而會使之重現。

第二個問題，辛格近來針對神經多樣性的批判提出了回應，這些批判認為，神經多樣性的分析方法違反了主流精神醫學推廣的科學知識。[8] 辛格的回應直接聲稱她提出的概念只不過是她身為「行動主義者」的想法，而不是科學理念。

她的回應之所以不夠好，有下列幾個原因。首先，辛格提出了科學主張，說她能製造出可供測試的假設（例如神經多樣性對於群體階級的最佳功能來說至關重要），同時又聲稱這些主張並不科學。這種言論不但很矛盾，也低估了神經多樣性觀點的科學正當性和理論正當性，使得神經多樣性比較像是聽起來類似科學的言論，而不是能在科學研究中合理使用的嚴謹理論。其次，自辛格研發出這種分析法後，「使用神經多樣性的概念改變科學研究方法」不但成為可能，而且對於解放神經多樣者來說也變得非常重要。畢竟正如我們在先前的章節中看到的，在高爾頓模式中，製造知識的方法是關鍵問題之一，因此，改變我們對神經多樣性的科學研究方法也是關鍵的一環。我們可以在尼克．沃克的研究中看見這一點，她在研究中提出神經多樣性解放需要典範轉移。儘管神經多樣性理論一直以來都是多人集體發展出來的，但沃克和辛格一樣，無疑是神經多樣性的基礎理論學家。沃克推動了神經多樣性社群的第二波理論建立，闡明了病理學典範與神經多樣性典範之間的核心差異。因此，接下來我們要講的就是她的研究。

神經多樣性典範

沃克和辛格有一個非比尋常的相似之處，兩人都是猶太大屠殺倖存者的後裔，都在貧困的環境中以未經診斷的自閉症者的身分成長。沃克和辛格一樣，會在未來對神經多樣性造成重要影響，不過並不是以終身學者的身分，而是以外來學生的身分參與社運社群與線上自閉症者團體。不過，她和辛格的不同之處在於，她在青少年時期於一九八〇年代的美國東岸參與了酷兒和反法西斯主義的社會運動，在這段期間磨鍊自己的政治觀點。

當時是愛滋病（後天免疫缺乏症候群）的傳播高峰期，在雷根當政期間，有數萬人死於愛滋病，同時雷根刪減社會福利，開啟了新自由主義的時代。雖然隨之而來的就是「同性戀」去病理化，不過從某些方面來說，這個時期也使得同性戀社群遭到更嚴重的歧視，他們因為政府沒有好好應對這場危機而成了代罪羔羊。在這樣的環境下，沃克決心要推動酷兒政治，再加上她並不信任以功能高低區分的二元觀念，所以提出一套超越了辛格的研究、更加延伸的分析方法。

為了進一步瞭解沃克的理論，且讓我們跳轉到二〇一二年。此時沃克已成為加州綜合科學學院（California Institute for Integral Studies）的研究生，年齡比一般學生大一點。她當時已經獲得了自閉症的延遲診斷，參與線上神經多樣性論壇接近十年。該運動與其理論也有了大幅擴展，使用並發展這些理論的人，包括獲得了雙極障礙症候群等其他診斷的人，以及被診斷為「低功能型」（low-functioning）自閉症的人，其中最值得注意的是獲得自閉症延遲診斷的作家梅爾・巴格斯（Mel Baggs）。同時運動中也開始出現新的術語，包括「神經多樣者」和「神經少數」，以補充「神經典型」和「神經多樣性」的概念。

這些發展幫助沃克注意到神經多樣性的概念，正透過集體努力逐漸擴展成一個嶄新的「典範」。沃克在此運用哲學家暨歷史學家湯瑪斯・孔恩（Thomas Kuhn）[9]提出的概念，幫助人們理解科學的發展歷史。對孔恩來說，科學典範指的是單一科學社群共享的一套假設與原則，他們藉此為特定歷史時期的研究奠定基礎。孔恩指出，各個科學領域在早期的歷史階段會進入「前典範時期」（pre-paradigmatic），不過等到這些科學領域成熟後，便會遵循各個關鍵原型與隨之而來的假設，而後社群會為了鞏固他們的研究而採用這些原型與假設。接著，在舊的典範過時，新的原型與框架出現時，這些典範也有可能會改變，例如我們可以在科學界從牛頓典範轉移到愛因斯坦典範的過程中看見這種改變。

因此，我們可以從沃克的神經多樣性「典範」觀念理解到：社會需要一整套新的基礎假設、定理或原則，形塑我們思考、研究與回應人類神經多樣性的基礎。她在帶來重大影響的文章〈丟掉大師的工具：從病理學典範中解放自我〉（Throw away the master's tools: Liberating ourselves from the pathology paradigm）中首次提出這一點，該文章收錄於自閉症行動主義理論的重要選集《光明正大：自閉症者的對話》（*Loud Hands: Autistic People, Speaking*）。沃克在文中率先指出新的典範正逐漸浮現——接下來，神經多樣性的解放運動將會需要進一步發展並履行這個新典範。

沃克對這個典範和高爾頓病理學典範之間的核心差異做出以下論述。一方面來說：

病理學典範的起始假設是，若一個人的認知與行為大幅偏離了主流社會文化常態，那就代表此人具有某種形式的不足、缺陷或病變。換句話說，病理學典範將人類在認知與表現上的光譜區分為**常態**與**常態之外**，而**常態**具有特權，被視為比較優越、比較理想的狀態。

她繼續寫道，相較之下：

神經多樣性典範的起始觀點是，神經多樣性是人類多樣性的軸心，就像種族多樣性或性別與性傾向的多樣性一樣，這些多樣性都會受到社會權力不平等、特權和壓迫等社會動態的影響。從這個角度來看，我們可以把神經少數者的病理化視為另一種形式的系統性壓迫，這種壓迫的功能和其他類型的少數族群受到的壓迫相同。[10]

簡而言之，對於沃克來說，如果我們能採用這種新的理解方式，就不會把人區分成正常人與生病的人，我們的建構方式就會是「這個人距離神經典型的理想是比較近還是比較遠」。我們會開始期望未來在科學與文化的表現上，出現更全面的轉變，就像我們不再把「同性戀」視為精神障礙，而是透過酷兒理論將之理解為一種少數性傾向。沃克寫道，對於神經多樣性的支持者來說，長遠目標應該是努力達到「典範轉移：用神經多樣性典範來大規模替代病理學典範」。

我認為沃克提出的神經多樣性典範是非常重要的概念——許多神經多樣性行動主義者很快就抓住了這個重點——這是因為這個概念能幫助我們突破辛格分析法中的兩個關鍵限制。首先，它允許我們意識到神經多樣性已經開始形塑一種截然不同的知識生產方式了，因而合理化以這些知識為基礎所塑造出來的新政策與新行為。事實上，正如沃克在二〇二一年指出了近年來的現象：神經多樣性的科學研究（目前主要和自閉症有關）已經進入了功能的社會模式與生態模式，並藉此開始改變，此外，在文學分析、心理治療、音樂學和眾多其他領域的相關研究，也開始以神經多樣性典範的框架為基礎。這種框架，有助於展現出神經多樣性這個概念顯然可以應用在科學研究上，而這些研究可以產生各種不同於高爾頓典範的知識，因而能幫助社會消除後者的科學霸權與文化霸權。

沃克的神經多樣性典範概念帶來的第二個關鍵好處是，我們因此能正式化更全面的分析法，可以遠遠超出自閉症的範圍。這也會幫助前述的框架變得更具包容性，只要覺得這種典範有幫助，那麼無論人們被診斷出何種狀態，都可以採用這個典範。有一些非自閉症者早在前期就很認同神經多樣性分析法，這種概括性的概念推動了這些認同迅速擴散，將神經多樣性行動主義推廣到自閉症社群之外。

神經多樣性馬克思主義

話雖如此，沃克主張的其實只是這種典範正在逐漸興起，並指出神經多樣性支持者應該把鞏固典範視為努力的目標。她並沒有主張這種典範已經發展完整，或是可以立刻實施了。她也沒有詳細探討改變典範需要付出哪些努力，而是把這個問題描述成只要我們改變思考方式就能解決的事物。於是，我們目前對這種典範改變的瞭解仍十分有限。

我希望能在本書中說明的是最基本的限制，也就是沃克和其他神經多樣性理論家至今都還沒有解釋過的病理學典範的歷史物質主義分析。但我們在此看到了典範是如何因為允許了個體化與神經多樣障礙的具象化而崛起與流行起來的，因此我們能進一步理解病理學典範的重要性與權力，以及克服這種典範要付出何種努力。病理學典範歸化了越來越受限的常態化，也越來越精準地反映出資本主義經濟的需求，因此，真正需要改變的不只是我們的思想，還有這些物質條件。儘管改變思想也很重要，不過只要資本主義的全球經濟仍處於主導地位，我們就不太可能徹底取代病理學典範。

一般而言，神經多樣性的現有理論，和活動主義所遇到的關鍵限制，是神經多樣性偏向於聚焦在改變思想與態度，而不是改變物質條件。請讓我在此澄清，這並不是說現有的支持者徹底忽略了物質。事實遠非如此。神經多樣性支持者接納了社會模式，恰恰也就代表了他們下定決心，要為了減輕障礙者的負擔而改變社會與物質世界。儘管如此，這種改變往往只限於個人與機構，偶爾也會涉及法律層面，但卻不會去質疑經濟秩序的深層結構。到目前為止，幾乎沒有人分析過神經多樣性的理論和政治經濟行動主義，也沒有人分析過在資本主義之下是否有可能真正獲得自由。我認為我們必須超越這種觀點。正如我們先前已經讀過的，病理學典範——以及將資本主義歸化神經典範的系統性要求——是這些物質條件帶來的產物。雖然現在病理學典範本身已經是一個很明顯的問題了——且病理學典範顯然可以在資本主義之外持續存在——但若我們不去改變社會的深層結構，也就不太可能取代病理學典範。

我的歷史分析法還會引領我們在神經多樣性理論的解放方式中，看到另一個更全面的問題。正如我們先前讀到過的，神經多樣性支持者認為：不同心理狀態的功能就像是生物多樣性一樣，若各個群體、甚至整個社會想要順利運作，需要的絕對不只是神經典型的人。從一個很重要的層面來說，這個嶄新的基進想法和納粹的意識形態是完全相反的。正如我們先前講過的，納粹認為社會是一種有機體，每個部位都必須具有一致性。這也就代表了社會必須消滅神經多樣者，唯一的例外是，他們能證明自己在某些時候對經濟來說是有用處的。相較之下，神經多樣性則認為社會需要多樣性，所以我們必須保留差異。因此社會必須支持神經多樣性，而不是將之消除。

然而，儘管神經多樣性顯然和較偏向法西斯主義的「常態」意識形態截然不同，但人們仍有辦法把某些版本的神經多樣性理論變得符合資本主義邏輯。這是因為若資本主義者意識到神經多樣性能實質幫助到群體運作，資本主義就可以運用解放神經多樣性的觀點來保護神經多樣者，並將保護程度調整至剛好讓社會可以開採他們的生產力。這種保護必定只能應用在某些特定的神經多樣者身上——也就是那些具有特定技能可以協助群體運作的人——其他神經多樣者則無法獲得這種保護，於是神經多樣者仍會被區分成內團體與外團體。當然了，即使這並不是神經多樣性理論學家認可的發展，但很顯然地，神經多樣性典範可以在帶來改變的同時，不去改變社會的深層結構。因此，用更基進的分析法去支持現有的神經多樣性理論是至關重要的。*

*在我把本書草稿交給出版社後，出現了新檔案證據，證明了線上的神經多樣性社群已在一九九六年使用過辛格和布盧姆描述的神經多樣性概念了。再者，辛格在社群媒體上發表了一系列聲明後，人們普遍認為她具有跨性別恐懼情結。因此，儘管我認為她的文章仍有參考價值——這些文章仍是此運動的重要研究——不過學界得在未來幾年間重新評估她在形塑這個理論的過程中扮演的角色。我將會在未來發表的文章中討論這一點。

第10章 認知衝突

Cognitive contradictions

資本主義需要神經多樣性的認知能力，
且不斷開採這些能力，但同時又拋棄了神經多樣者。

在過去十年間，神經多樣性運動一直以不可思議的速度持續發展。前一章論及的理論已經為全球多數地區的神經多樣性行動打下了基礎。這些運動之所以會在各地大量湧現，是因為勢在必行：常態帝國不斷限縮神經常態，如今已經有一定比例的人類無法在常態帝國中運作了。在這段時間裡，神經多樣性活動主義出現的場合，從街頭抗議到政治遊說、從工會主義到研究都含括在內，甚至在智利近來的憲法草案中，也有人提出要停止壓迫神經多樣性。

神經多樣性理論是一種行動框架，它的重要之處不是重現笛卡兒的老派二元論，現在我們已經知道無論是原始的二元論，還是薩茲派的二元論，對資本主義與國家來說都有很高的利用價值。它的重要之處是用「神經」這兩個字，強調這個理論體現心智的自然狀態，我們不能把這種自然狀態從身體剝離，更不能把這種自然狀態從世界上剝離。這個方法也能避免反精神醫學運動的另一個關鍵問題，也就是我們先前讀到的，該運動使眾人合理化他們對精神障礙與精神疾病的否認。雖然神經多樣性支持者確實會在特定狀況下對病理化提出質疑，但這些質疑的目標，比較偏向人們認為沒有生產力的非典型心智，而非對於心理疾病的全面否認。在糾正了障礙的意義，而非否認障礙這個事實的同時，神經多樣性支持者已經找到了能向國家提出要求的適當位置，神經多樣者在此時注意到了適當位置的有用之處。

人們之所以能從中獲得有用的行動基礎，其中一個原因正如史帝夫・格拉比[1]所說，是因為神經多樣性理論強調了認知的具體本質和障礙的實際情況，所以幫助了人們把心理健康政治連結到更宏觀的障礙政治上。這能幫助社會發展出一套更全面、更一致的政治，這套政治是以神經多樣性的理論和行動主義連結起來的，而不只是在偏向笛卡兒學派的方法下，從身體疾病中找出定義嚴格的顯著心理疾病。因此，神經多樣性理論能幫助人們提出更加一致的政治，把目標放在集體解放。

最後，由於神經多樣性理論認為在神經多樣性研究經驗中，障礙者是最主要的專家，使得精神醫學、臨床心理醫師、心理治療師與其他臨床專業的權威，都必須面對艱鉅的挑戰。雖然我們不能否認這些職位的人確實擁有相關專業知識，但這種觀點不但能將專業知識去中心化，還會揭露一直以來都在引導與僵化這種專業知識的典範和意識形態。神經多樣性理論和薩茲派的思想截然不同，後者重現了醫學模式知識論，並因此仍由臨床專業主導，而神經多樣性運動則質疑醫師與臨床專業的權威，以障礙者與患者的廣泛需求為導向。

然而，儘管神經多樣性的理論與行動主義在過去的多次嘗試中獲得了這些進步，但大致上來說仍維持在自由主義的框架中。這種框架的重點是以權利為基礎，以及改變認知、表現方法與概念。神經多樣性運動通常會含蓄地預設：神經多樣性的解放有機會在資本主義下發生。我們可以從過去的神經多樣性行動主義中看到這一點，多數行動主義的目標，都是在資本主義中實現正義，而不是直接把目標設置在後資本主義的未來。

在同一時期，尤其是在過去的五年中，新的神經多樣性產業逐漸興起，現有產業也迅速改變了品牌形象，表現出能夠包容神經多樣性的樣貌。我們正見證資本主義逐漸適應社會目前已容納的神經多樣性，這是因為資本主義者能因此獲利。舉例來說，英國有越來越多機場設置了感官室，希望能讓自閉症孩童與具有相似感官處理障礙的孩童較容易待在機場，也有越來越多超市安排「自閉症友善」時段，將燈光調暗。不過，只有在這種改變能增加「消費者數量」時，我們才會看到這些變化。它們不會帶來深層的系統性改變。

如今也開始有越來越多菁英掌控了神經多樣性行動，他們投入行動的目的是維持主流體制。例如英國的前保守黨國會議員暨衛生部長馬特・漢考克（Matt Hancock）最近創立了一間神經多樣性慈善機構，占據了英國各大報的頭版。然而，過去漢考克與政府其實一直以來都在執行對神經多樣者帶來嚴重傷害的撙節政策。他的政治承諾在本質上徹底背離了神經多樣性解放。

在逐漸興起的神經柴契爾主義中，神經多樣性運動被轉變成了商業導向的計畫，這些計畫旨在找出神經多樣性的優勢與「超能力」，並壓榨擁有這些優勢的神經多樣者，因此對這些人來說，神經柴契爾主義能幫助他們就業。這麼做可能會帶來另一個值得注意的副產品，那就是在勞動人口中擔任重要勞工的神經多樣者越多，他們就越有潛力可以用勞工的身分組織工會。這種行為對於神經多樣性政治來說具有實質幫助。然而整體來說，神經柴契爾主義並沒有從本質上挑戰社會的深層結構，而正如我已經在本書中指出的，這些深層結構才是神經多樣者受到壓迫的根本原因。更重要的是，神經柴契爾主義已經在神經多樣性論述中逐漸占據優勢，這種優勢，將會壓制草根行動主義者所發展出來的、較基進的解放模式。

想當然爾，並不是所有解放行動都符合神經柴契爾主義。神經多樣性運動的自由主義成分具有較高的交織性與批判性，在基層尤其如此。其中一個重要發展是美國的障礙正義運動（Disability

Justice Movement）。這種方法的支持者傾向於要求獲得權利，同時他們也承認：以權利為基礎的方法往往十分不符合正義，尤其是對於遭到多次邊緣化的障礙者來說。例如莉迪亞・布朗（Lydia X. Z. Brown）和夏恩・諾伊邁爾（Shain M. Neumeier）都強調了各種人權法律，是如何未能保護處於邊緣地帶的障礙者。此外，他們還強調，即使是為了保護障礙人士提出的法律，也可能會被用來傷害他們，例如監護權和非自願治療的情況。[2]

近來比較正向的一個發展是神經酷兒化（neuroqueering）的理論與行動，這個發展和障礙正義的方法相符合。神經酷兒化源自尼克・沃克和瑞米・葉爾戈（Remi Yergeau）的研究，聚焦在全心接納每個人在神經認知空間中的特別潛能，並將日常舉止與行為轉變成反抗行動。[3] 這種做法提供了嶄新的工具，讓人們可以對抗過去與現在的物質環境強加在身上的限制中所蘊含的神經基準性。藉由酷兒化這個社會世界，我們會在未來創造出新的可能，這麼做不只能幫助我們對現存秩序的各個層面提出挑戰，還能幫助我們開始集體想像不同的世界會是什麼樣子。

我和「重視階級」的馬克思主義者不一樣，我認為這些具有較高交織性的方法極為重要，能提供不同於神經柴契爾主義的有效對比。如果說神經基準性的意識形態帶來了一片無所不在的濃霧，限制我們的思想、能動力與行為，那麼神經酷兒化就戳穿了這片濃霧，幫助我們找出它的弱點。而障礙正義的方法，則能幫助人們在國家批准的介入治療之外，建立關鍵社群資源和項目。這種努力付出不但改變了在地物質條件，也允許人們在個體和集體的層面擴張神經多樣性的意識和能動力。然而，就連這種方法通常也會避免深入分析有關政治經濟的神經多樣性壓迫。有鑑於我希望藉由本書傳達的內容，我認為我應該在此闡明馬克思主義分析會帶來什麼確切的影響，還有我們從歷史物質主義的觀點能學到哪些事。

將障礙變成武器

我們可以在此處的歷史分析學到什麼呢？我們的組織與行動該以什麼為導向？首先，我們要釐清一些關鍵概念，以及我們可以用何種方式利用這些觀念，來再現或挑戰占據優勢地位的秩序。這項歷史分析可能會帶來的其中一個初始觀點是：資本主義需要人們對於精神疾病與障礙的觀念帶有一定程度的不確定性。一方面，資本主義要求我們對於精神疾病與障礙的相信程度，正好足以合理化社會為什麼要維持剩餘階級，為什麼要囚禁那些沒有犯下任何公認罪行的神經多樣者。反精神醫學人士正是在注意到後者時提出了質疑。另一方面，資本主義又要求我們對精神疾病和障礙抱持懷疑，以便資本主義合理地避免為那些需要健康保險與支持的多數障礙者提供這些幫助。許多反精神醫學人士就是在此犯了分析錯誤。這是因為薩茲學派的反精神醫學人士在努力無效化人們對於精神疾病與障礙的認知時，創造出的其中一套論述為資本主義帶來極大的幫助。這也是因為大眾文化對精神疾病的真實性產生懷疑後，就能滿足國家與資本主義想拒絕幫助精神疾病的需求，提供幫助會使得國家與資本主義無法將利潤最大化。

同樣值得一提的是當代的「批判精神醫學」（critical psychiatry）。這種較新的觀點已經變成了相對主流的小型產業，主要領導人是非障礙者的臨床專業人士，他們應用反精神醫學的哲學基礎，但把焦點從廢除轉移至改革主義。批判精神醫學的主要訴求是消除人們對精神疾病與障礙的認知，把ADHD與PTSD等診斷當作一種單純的「困擾」，這種否認障礙的觀點對於資本主義來說，和先前的薩茲學派一樣好利用。這個觀點的絕佳案例是詹姆斯·戴維斯（James Davies）的研究，雖然他已經意識到精神醫學確實會帶來傷害，但他的研究卻回過頭去使用障礙的道德模式，將多數痛苦視為學習與成長的潛力。雖然痛苦能在某些時候帶來成長，但這種論點往往會通往政治的死路，而且看起來比較適合用來合理化社會大眾對痛苦的需求，而不是合理化如何減輕我們的痛苦。此外，儘管戴維斯確實找出了新自由資本主義的有害影響，不過他仍然很保護資本主義，同時也迅速駁回了其他人發展共產主義的企圖。[4] 考慮到這些視角與執行方式，這種臨床形態的資產階級改革，似乎和神經多樣性的解放政治是互相對立的。

此外，另一件值得考慮的事是，還有一些思想是我們沒有在此處澄清的，這些思想接納了政治化的精神疾病概念，沒有拒絕這種認知。舉例來說，弗朗茲·法農（Frantz Fanon）在一九五〇年代寫道，雖然他認為精神疾病是真正的疾病，可是他也認為精神疾病的主要成因是不平等、殖民主義、種族主義和其他社會因素。[5] 他試著把這種觀點發展成反種族主義行動，這些行動可以有效搭配神經多樣性典範的方法，彼此融合。近年來有許多努力將心理健康去殖民化的行動，都延續了法農的思想。舉例來說，米米·庫克（Mimi Khúc）指出，這些行動需要的不只是物質方面的去殖民化，也需要我們質疑與詢問「規模較大的力量與機構，是如何告訴我們什麼叫心理健康、什麼叫痛苦。」[6]人們在這一類的去殖民化行動中，往往會認知到心理健康是真實存在的，但同時也會反抗西方霸權對於相關經驗的描述與回應。

除了去殖民化的行動之外，一九七〇年代在西德活躍的基進團體「社會主義患者組織」，也認為心理疾病是不可否認的事實。但對他們來說，心理疾病主要是社會因素引起的，他們認為在資本主義之下存活的唯一方式，就是罹患心理疾病。儘管他們同意患者應使用特定的療法和藥物，但正如碧翠絲·艾德勒－波頓和亞蒂·維康特（Artie Vierkant）所寫的：「他們認為最重要的是，照護應該是自主且協同的，是醫師與病患合作達到的雙重辯證，不但能創造出照護，還能創造連結。」[7]除此之外，他們還想建立「人民大學」（People's University），這裡的人研發治療方法時不會以獲利為目標，而是以集體自決為原則。他們對醫師與研究人員的階級提出挑戰，加上決心要終結資本主義，因而為資產階級與否認主義的心理健康政治帶來了截然不同的替代觀點。

同樣值得強調的是英國馬克思主義者彼得·塞奇威克的重要性，我們先前已提過他對薩茲派的批評。塞奇威克在一九八二年的書《心理政治》（*PsychoPolitics*）中批評了他當時已正確辨認出來的反精神醫學主義二元性。他認為當下向國家提出要求的必要條件之一，是承認心理疾病是一種「真正的疾病」，同時也強調人們需要在國家機器之外，組成能提供心理健康資源的替代性社群組織。由於當代布爾喬亞階級的批判精神醫學多次失敗，所以近年來人們對塞奇威克的觀點重燃興趣，過去十年內已出版過兩次新編的《心理政治》。海爾·史潘德勒和馬克·克雷斯維爾（Mark Cresswell）等社會運動學者，都曾在近來為塞奇威克學派政治提出辯護。[8]塞奇威克的思想也和當代的基進派倖存者團體的觀點重疊，例如回收箱組織（Recovery In the Bin），他們主張的是「一種穩健的『瘋狂、壓力與困惑的社會模式』（Social Model of Madness, Distress & Confusion），將心理健康放在社會正義和更廣泛的階級掙扎脈絡中」。[9] 基進派心理健康雜誌《精神病院》（*Asylum*）也反對有關心理健康的有害二元思考，他們抱持著更縝密的多元主義觀點，為疾病與障礙的認知保留空間，符合塞奇威克學派的想法。社會理論學家馬克・費雪做出同樣呼籲，雖然他受到法國的後結構主義影響更深，但仍認為社會應該要將憂鬱症政治化，將憂鬱症視為後福特主義時代的病理定義。[10] 這種替代性的英國思想，最後終於肯定了患者對治療的需求與受治療的權利，同時此思想的目標又是在治療生產的過程中，打破成了焦點的資本主義需求。儘管它推動了廢除主義，但在這種觀點中，廢除是由社會控制的，而不會承認不健康與接受治療的權利。

我對神經多樣性馬克思主義的理解大多沿襲這些思想，但在一些特定細節上有差異。很顯然的，有些時候病理化是錯誤且有害的，在這種狀況下，我們應該抵制病理化。還有些觀點會否認心理疾病與障礙等事實，它們帶來的危害也不小。在最好的情況下，這些觀點會浪費大量精力去替換詞語（譬如把「疾病」替換成「痛苦」），但不去改善物質環境；而在最糟的情況下，這些觀點會提供合理化的敘述，讓大眾文化去否認障礙的存在，或讓國家否認民眾需要政府提供幫助。相較之下，社會主義患者組織的宣言則以《將疾病變成武器》（*Turn Illness into a Weapon*）為標題，一絲不苟地呼籲大眾運用疾病來提出他們對幫助的需求，同時也呼籲「生病的無產階級」（sick proletariat）奮力抵抗資本主義的統治。根據我的理解，神經多樣性馬克思主義也符合這個例子——

至少在當下這個歷史性時刻是如此——神經多樣性馬克思主義正試著把神經多樣性的障礙與疾病，都轉變成建立組織與抵抗系統的立場，這種立場對於神經多樣性與神經典型的製造與危害來說都是必要的。在這麼做的過程中，我們不該以不明智的態度消滅精神疾病的老舊觀點，畢竟正如我們先前讀到的，這些觀念已經在世界各地受到認可。相對地，我們該做的是打破健康、常態與生產力之間的關聯性。**我們要質疑生物醫學與心理學的立論，以及這些意識形態的功能，但不要去否認精神疾病與障礙確實存在的事實**，唯有這麼做，我們才能建構出對於疾病與障礙的新認知方法，同時反抗優生學意識形態與壓迫。

我對神經多樣性馬克思主義的理解，同時也基於障礙研究中的現實主義與物質主義，這一類的思想認為：障礙始終都是從「身心」與「世界」之間的關係所產出的。這種思想並不否認有些障礙仍具有病理學層面，可能需要醫療幫助。事實上，此思想認為人們有權在醫療有幫助的時間與地點獲得醫療服務。但同時它又反對「障礙只是個人問題，只是身體或心靈上的機械式損壞，必定需要機械式修復」的觀念。正如我們先前讀到的，我們對於行為能力、損傷與常態等事物的看法，會在不同的脈絡中產生變化。部分原因在於有越來越多人在相對於彼此（也就是和常態者比較之下）與相對於環境的狀態下，變成了障礙者或非障礙者。在這個歷史性的時刻，很重要的一件事是對障礙抱持著現實主義的觀點，這是因為障礙就和疾病一樣，受到政府嚴重的意識形態壓迫，這種壓迫的目的，是模糊或消除人們對於障礙的認知。畢竟，若人們認知到障礙的存在，以及社會如何透過占據優勢的生產模式來持續製造障礙的話，就代表人們認知到只要國家繼續這麼做，就有責任要提供幫助。

從這種觀點來看，自閉症與ADHD等神經多樣性障礙，並不像許多針對精神醫學的自由主義批判分析所說的那樣——是一些突發奇想的神經醫學概念歸類出來的、隨機出現的各種特質，也不像自由主義神經多樣性的支持者所說的——只是一種身分。相對地，這些神經多樣性障礙應是沙特（Jean-Paul Sartre）所說的「連續群體」（serial collectives），指的是在考慮人與物質環境的客觀關係狀態下，傾向於分享特定經驗與問題的一群人。[11] 正如我們先前在本書中所看到的，我們目前認知到的障礙之所以會出現，以及特定組合的特質之所以會被視為障礙，是因為在常態帝國的發展過程中出現的客觀物質關係。然而，這並不代表常態和多樣性是假的，這只代表常態和多樣性的事實是由社會與物質建構出來的，因此，我們也只能透過物質改變來扭轉這個事實。

我的意思並不是說，這些問題最終只能分析到這裡。這些只是我對當下這個歷史性的時刻提出的初步建議。我目前的目標，不是確切弄清楚哪些分類是有效的，或者健康和疾病的界線應該在哪裡。這種界線不是固定的，也不能固定。界線與時間和地點相關，也會隨著人和環境變化。我也不認為這種界線應該永遠不受質疑。我的看法正好相反，我們應該不斷質疑身體與精神方面的疾病界線。這是因為障礙和病理化是透過殖民與資本主義的邏輯而出現的，往往會重現後兩者的價值觀。因此，我們在分析時會預設障礙和疾病都是不變的事實，就算這兩者總是源自社會和思想的脈絡、就算界線總是在變化又十分模糊，我們仍會這麼想。為了接納這些真相，我們才能開始有效率地組織起來，改變現實的結構。

開採式拋棄

讓我們回顧一下，目前為止，我們已經明確使用了馬克思主義分析的兩個層面：第一個是唯物主義的歷史分析方法，這種分析法認為人類的意識和權力主要是特定時代的宏觀經濟、社會和物質的環境和關係所構成，也受到這些環境與關係的限制。這種分析法幫助我們瞭解常態與生產力的現代觀念是如何出現的，也幫助我們改變對健康的看法。同時，我們也應用並發展了馬克思的異化概念，這個概念讓我們理解物質環境會如何傷害我們，並將我們區分成不同階級。這個概念有助於我們瞭解現代世界中的精神疾病與障礙為何不斷增加。

但馬克思主義分析帶來的不僅是物質主義。馬克思也看見了歷史變化的潛力，這種潛力源自辯證，從我們的物質關係所帶來的衝突而來。別忘了，在他寫下這些觀點的時期，他看到的關鍵衝突出現在資本階級與勞工之間。正如我先前指出的，對馬克思來說，雖然價值是由勞工集體發展出來的，但在這之後要經過少數資本家的累積，才有可能出現新的綜合論述。他看到資本主義驅動力帶來了前所未有的擴張，導致社會需要新的工具與科技，他認為這種發展將會使勞工的技術能力下降，進一步使異化增加。對馬克思來說，強調這一點是很重要的事，因為他相信這種發展無法持續下去，一旦勞工對自己的狀況有更深入的瞭解，就很有可能會組織起來進行反抗。因此，他的理論是從行動開始的，同時會在之後試著提供幫助，使未來的行動更有效率。

在論及障礙時，我們也會看到類似的衝突。在相關討論中，行動主義者與學者發展出的新一代物質主義分析最引人注意，這些人包括瑪莎・羅素（Martha Russell）、加絲比・普爾（Jasbir Puar）、亞蒂・維康特和碧翠絲・艾德勒－波頓。這些分析帶領我們遠遠超越了「過度簡化」的表象，這些過度簡化有時與傳統社會模式有關。一方面來看，正如瑪莎・羅素所強調的，馬克思主義分析幫助我們看清資本主義與國家「需要」剩餘人口，以作為勞工的後備軍。值得注意的是，馬克思認為由於資本家爭相生產，所以資本主義從本質上來說，很容易遇上過量生產的危機，因此，資本主義常常得強迫部分勞工階級離職失業，變成剩餘人口。此外，由資本主義的最基本邏輯所驅動的自動化程度越來越高，也迫使更多人變成剩餘人口。然而資本主義也時常會遇到成長期，需要在這段期間召回使用剩餘人口。這些後備軍同時也必須做好準備，在社會遇上疾病與戰爭等事件時隨時出動。

對於資本主義來說，剩餘人口的存在必要性，不亞於勞工的存在必要性，資本主義不斷增加剩餘人口的數量，同時又依賴這些剩餘人口扮演後備軍。換句話說，由於剩餘人口的絕大部分組成是障礙者，所以若資本主義想要延續下去，就需要障礙者的存在。資本體制製造出障礙者，並維持障礙者的存在。因此，資本階級不但經常藉由管理與限制剩餘人口的各種產業找到獲利方法，資本階級也創造了剩餘人口，需要剩餘人口才能獲得成長的機會。這是因為每次有了成長的機會，社會就會忽然需要更多勞工，想要抓住成長的機會，就得保持剩餘人口的存在。那麼，從這個觀點來看，障礙者之所以會被視為行為能力受到損傷，不只是特定環境所導致（特別是資本驅動的環境），也是因為資本主義的邏輯既產生障礙者，也需要障礙者。而決定障礙者是否存在的關鍵，是資本主義在任何時候對於障礙者的需求。

資本主義與健康之間的關係十分複雜，艾德勒－波頓與維康特在他們的著作《健康共產主義：剩餘宣言》（*Health Communism: A Surplus Manifesto*）中做了進一步的解釋。我在本書中一直把焦點放在資本主義如何將健康綁定至常態與生產力上，不過，兩者之間的關係遠不只如此。艾德勒－波頓和維康特強調了資本主義為何在某種程度上需要健康來實現生產力，同時，資本主義必須把剩餘人口病理化，透過管理產業採集剩餘人口的生產力，利用他們的不健康來獲利。資本主義這麼做的核心目標不是改善剩餘階級的前景，而是為了讓資本家能繼續管理剩餘人口的不健康並剝削照護人員，藉此獲利。

資本政治健康經濟的整體傾向，是他們所謂的「開採式拋棄」（extractive abandonment）。也就是說，資本主義既創造剩餘階級，又開採剩餘階級獲利，同時還拋棄了剩餘階級。艾德勒－波頓與維康特因此得以把剩餘人口建構成一種階級（而不是勞動階級的分支）。他們這麼做之所以很重要，是因為這種分類超越了社會模式分析，該分析認為障礙是各種屏障強加的一種壓迫。更重要的是，若一個政治經濟體系的特徵，就是對剩餘階級進行開採式拋棄，那麼此經濟體系就必須為了管理剩餘人口而創造許多行業，以便開採剩餘人口的受壓迫地位，藉此獲利，同時還要開採這些行業中的勞工，獲得剩餘價值。我們可以在價值數十億美元的應用行為分析產業中看到這種狀況，這個產業對於其服務的多數主體，也就是自閉症個體來說，幾乎沒有任何幫助，甚至傷害了許多自閉症者。但這個產業之所以能存活至今並持續成長，是因為社會中有許多人在這個產業中獲得極高的利潤。理解了政治經濟體系從整體來說是如何傾向開採式拋棄的，我們也就能夠瞭解，這個產業為什麼能在自閉症運動的大規模反對之下仍持續成長。

神經多樣性的力量

然而，我認為我們可以透過本書提到的分析，看清開採式拋棄其實有一個更明確的導向，這個社會執行開採式拋棄的對象不只是神經多樣性，而是群體層級的神經多樣性。別忘了，後者對於生產力來說有多麼重要。採用神經多樣性典範的觀點之後，我們也會隨之意識到，我們在群體層級的神經多樣性帶來的心理功能，以及因而出現的生產力。沒有任何人類能獨自一人做到所有事情，也沒有人是完全獨立的，我們做的每件事，都會在不同程度上依賴其他思考方式不同的人，而我們每個人使用的事物中，至少有一部分是其他人生產的。此外，在資本主義的神經基準性階級中，即使是最受到重視的人，也必須和較不受到重視的人合作才能生產。在團隊、公司、企業、產業、國家甚或經濟體系的層面上，資本主義若想維持下去，必定需要神經多樣性——也就是認知與情緒功能方面的多樣性。

這不只是理論上的主張，有許多歷史與科學的研究都支持這個論點。舉例來說，曾有一項研究指出，若研究人員在群體中加入一名ADHD患者，該群體會在解決問題時更有創意。[12]其他研究則顯示，**在群體層級上增加認知多樣性，能使群體更善於適應不斷變化的環境。**[13]馬克思也曾寫道，資本主義之所以能運行，有一部分源自他所謂的「全面智識」（general intellect）[14]——指的是全人類的綜合智識——如今我們可以為這個論述補充這一點：全面智識需要全方面的神經多樣性，與更在地的各種群體層級神經多樣性。

同樣值得注意的是，資本主義永遠都需要用剩餘人口的形式呈現神經多樣性，如此一來才能為了未來的認知需求做好準備。正如馬克思所說，資本主義使生產方法不斷革新——這些生產方法包括科技、機械等。但正因如此，資本主義也就永遠都需要不同類型的思考模式，為接下來會發生的任何事做好準備。這讓人想起哈維・布盧姆在有關神經多樣性的重要文章中所寫的一段話：「誰能確定神經常態的大腦無時無刻都比偏離神經常態更好呢？舉例來說，模控論（cybernetics）與電腦文化或許就對偏向自閉症的思考方式比較有利。」[15]儘管從現在的觀點來看，認為自閉症者比較擅長數學或電腦已經變成了一種刻板印象，但至少在某些案例中的確如此。當然也有些自閉症者不擅長使用電腦，在這種狀況下，由於自閉症群體具有許多不同的認知特質，所以仍有許多人能提供重要的技能。

然而，儘管資本主義需要神經多樣性的認知能力，且不斷開採這些能力，但同時又拋棄了神經多樣者。這種拋棄打從神經多樣者出生就開始了，社會將具有神經多樣性的嬰兒視為一場悲劇，在他們進入學校後依舊如此，如今的學校往往仍以優生學邏輯與隔離制度為基礎。接著這種拋棄從學校延續至成人時期，包括在工作場所的歧視，以及在監獄與療養院中對神經多樣者的大規模監禁。而後，資本主義透過心理學與生物醫學的研究具體化這種社會屈從（social subjugation），並因此能持續加固資本主義認知階級的歸化。

記住這些衝突是很重要的事，這是因為它們能幫助我們理解：資本主義為何需要神經多樣性，同時又貶低並試圖掌控神經多樣性。在此釐清，我的意思絕對不是我們應該因為神經多樣性對集體運作有幫助，所以才去重視它。我的看法是，認清這些因素，能幫助我們開始理解資本主義是如何用資本邏輯來貶低神經多樣性的價值。此外，理解這一點將能在我們組織了夠多人一起反抗時，清楚知道神經多樣者擁有何種力量。雖然我們每個人都是障礙者，但我們擁有集體認知的力量——這是神經多樣性帶來的產物——我們可以運用這種力量來反抗占據優勢的秩序，絲毫不亞於勞工階級的集體力量。

我們可以仔細思考，自由主義神經多樣性觀點的支持者，在遇到我剛剛提到的問題時會作何反應？他們會在此時提出的問題可能會是：如果資本主義「確實需要」神經多樣性與集體神經多樣性的話，那麼資本主義框架中就能找得到解放神經多樣性的空間。也就是說，由於資本主義與國家如今是運用資本主義邏輯來貶低神經多樣者的價值，所以問題不在於政治經濟，而在於錯誤認知。這種論述提高了「資本主義對神經分散性的需求，不亞於對神經典型的需求」的觀念，有助推動人們在資本主義體制中重新評估神經多樣性的價值，並對其產生新的認知。表面上看來，如果真的能做到這一點的話，這似乎是個不需要改變深層社會結構就能逐漸解放神經多樣性的好方法。

說起來，其實許多推動神經多樣性的平等、多元與包容的研究，似乎都恰恰遵循著這種潛在假設，認為我們該聚焦在神經多樣性的「力量」上，幫助更多神經多樣者獲得工作。值得注意的另外一點是，辛格所提出的「生態社會」（ecological society）的概念，儘管這個概念和「常態」這個意識形態相反，但仍與資本主義邏輯完美相容。畢竟，如果資本主義和國家能創造出適合的利基（niche），來幫助神經多樣者投入工作中，它們就可以從神經多樣性的勞工身上開採出剩餘價值。當這件事在經濟方面是可行的，社會也就有空間擴張資本主義的神經基準性，將神經基準性併入一些原本被視為神經多樣者的思考模式中，建構出允許神經多樣者運作的環境，使他們脫離剩餘人口。

然而，我完全不認為這種做法會帶來任何有意義的自由解放，只會解放本就擁有最多特權的神經多樣者。不只是因為這種方法將會不可避免地排除那些需要較多幫助的障礙者，他們仍會被留在剩餘人口中，繼續遭受歧視、隔離與控制；也不只是因為這種方法只會改革病理學典範，提高其包容性，但卻無法徹底克服它；更不只是因為資本主義很可能只會利用這個方法，提高社會對神經少數族群的管理與控制，根據思考模式做出更詳細的分類，增加更多預先決定好的特定分類，迫使神經少數族群落入不同的分類中，進一步限制他們的自由。

另外，還因為資本主義中本就存在更大的神經基準衝突，我認為這種衝突代表的是：即使我們被資本主義授予進入勞動市場的利基，也無法獲得自由。這是因為依據前幾章提供的歷史分析來看，資本主義越來越想要把「所有的人」都變成精神疾病患者或障礙者，尤其是在資本主義達到了「勞動工作需要認知與情感方面的高階處理」時，這種狀況更加明顯。而此處說的所有人也包括了被定位成暫時性神經典型的人，即使資本主義對他們的傷害不像對神經多樣者那麼直接，但依然造成了傷害。

若要理解這一點，我們可以開始思考先前在我的歷史分析中看到的現象：資本主義中的人，永遠都會區分成內團體與外團體，兩者間的分界會不斷改變。這種改變主要涉及人們眼中的生產潛力，同時也涉及消費者潛力，以及每個個體是否容易因為產生了資本主義需求所需的慾望而受到影響。我們先前已經讀到，這種改變將會把外團體的人定位成剩餘人口，因而造成傷害，不過這種改變其實對內團體也是有害的，他們會被定位成可剝削的勞工，直到他們最終因為筋疲力竭、疾病或認知衰退而變成了神經多樣者。

正如我們在討論後福特經濟體時清楚瞭解到的，資本主義透過這種改變，把所有人放在這兩種有害的狀況下：一是資本主義認為我們「有價值」，用憐憫的態度剝削我們，透過剝削帶來的異化把我們變成病人。二是資本主義認為我們「沒有價值」，歧視我們，並將我們歸類在剩餘人口中。這種對待通常會迫使我們陷入貧困之中，使社會將我們視為用完即可拋棄的勞動力。無論每個人的思想結構是什麼樣子，都被困在這兩種狀況中，兩者都對我們沒有好處，而是各自以不同的方法傷害我們。

許多人位於這兩種極端的狀況之間，每個人都可能會在人生中的不同階段位於不同位置，甚至有一些勞動階級的非障礙者變成了障礙者，最後被拋棄至剩餘階級中。舉例來說，如果有一位勞工因為工作環境（譬如大量勞工擠在一起的不通風辦公室）罹患了新冠病毒（COVID-19），並出現長新冠後遺症（Long Covid），這位勞工可能會突然發現自己變成了神經多樣者與障礙者，以至於無法工作。確實有許多人只是因為過度工作與壓力導致的疲勞，而暫時變成剩餘階級。也有些人一開始是剩餘階級，是具有神經多樣性的障礙者，但後來找到了一個有利基的工作，好好發展了一段時間，直到他們因為異化而生病。整體來說，在這種環境下，多數人的健康狀況都無法達到標準，許多人的工作會是不穩定的兼職，勞工與剩餘人口之間的界線也會變得模糊。

此處很重要的另一點是強調「體力勞工」的壓迫和「認知勞工」的壓迫是如何彼此連動的，這兩者之間的差異往往會變得模糊且流於表面。最重要的是，在後福特經濟體中，社會在剝削認知與情緒時，需要南方國家的障礙者提供生產力並遭受傷害。正如加絲比・普爾所寫的，後福特經濟體使用的科技也有同樣情形：

在全球各地製造了大量弱勢人口，從蘋果（Apple）工廠的自殺中國勞工，到以色列開發來提高移動能力的輪椅技術……從巴勒斯坦的壓迫與不可流動性，到印度的貧困勞工親手打磨出來的、堆積成山的電子廢棄物，再到企業為了製造硬體，而在資源豐富的區域對礦物與自然資源進行的新殖民式開採。[16]

從這個觀點來看，同一個體制的同一種工作會以不同的方式，同時傷害帝國核心的認知勞工與帝國邊陲的體力勞工。儘管資本主義推動了機械化醫學的迅速進步，但也把全球各地的勞工逐漸變成了病患。

這種衝突——也就是在異化與障礙之間進退不得的狀況——不僅能幫助我們釐清為什麼人們不

可能在資本主義的生產模式下獲得自由，還能讓我們瞭解，為什麼勞工階級的利益與剩餘階級的利益其實是一體的。主流意識形態告訴我們，剩餘人口會消耗勞動人口的付出，但事實上，剩餘人口與勞動人口之間的連結緊密，雙方往往有部分成員會在同時身兼另一方的成員，有些成員則是從另一方轉移過來的。決定一個人是神經多樣者還是神經典型者的關鍵因素，是這個人和標準常態的距離遠近，而標準常態則會隨著全球與地方的生產平均而變化，也會隨著個體在當下的能力水準與無能力水準而變化。對於所有個體來說，神經典型不只是一個暫時的階段，還會隨著資本主義的逐年強化而變得越來越難以企及。

第11章 常態過後

After normality

大量的神經多樣性障礙，
以及持續且大規模的焦慮、恐慌、憂鬱和精神疾病，
再加上社會對於神經多樣者的系統性歧視，是如今這個歷史性時代特有的問題。

一九一七年的俄國十月革命（October Revolution）過後，列寧與布爾什維克派（Bolsheviks）開始試著從資本主義體制轉變成共產主義經濟體制。這並非易事，當時俄羅斯很貧困，社會動盪，同時還處於德國與其他鄰近國家的入侵威脅之下。此外，布爾什維克派的人沒有統治國家的經驗。說到底，他們是革命者，從沒當過政治家。這項轉變最後成功的程度參差不齊。

布爾什維克派的統治改善了數百萬人的日常生活，為障礙者帶來了國家健康保險和重要改革。然而，儘管他們一直想超越資本主義，但布爾什維克統治下的俄羅斯，卻從未真正建立起共產主義體制。有些人把蘇聯採用的體制稱為「國家資本主義」（state capitalism）。馬克思認為，共產主義的必需條件是「國家」消失，由勞工控制自己的工作場所。相較之下，蘇聯的工作場所則是由國家所控制。列寧認為這只是個短暫的過渡階段，至少比市場資本主義好得多，不過，這仍是一種資本主義式的統治。一九二四年，列寧去世，史達林（Joseph Stalin）成為新國家領導人，他很快就放棄了試圖超越國家資本主義的轉變。史達林直接宣布他們已實現了共產主義，但這樣的發言不符合馬克思與列寧的觀點。

在這樣的環境下，俄國繼續強調生產力。有鑑於當時世界各地大多持續採用市場資本主義，俄國仍很重視競爭，只不過這次的競爭對象是資本家。與此同時，正如立陶宛的馬克思主義者拉亞・杜娜葉夫斯卡婭（Raya Dunayevskaya）早在一九四一年就曾說過的，在蘇聯的生產關係中，仍維持著勞工的異化。用她的話來說：「在分析社會階級本質時，決定性因素不是生產方法是資本主義階級的私有財產，還是屬於國家擁有的」，決定性因素是「生產方法是否遭到壟斷與異化，導致直接生產者難以擁有它們」。以此為前提，她繼續寫道，在蘇聯的「國家資本主義開採者和無財產的被開採者之間，有真正的經濟關係存在」。[1]

蘇聯轉變為工業國家資本主義經濟之後，他們的生物醫學、精神病學和心理學的發展，仍停留在病理學典範的範圍中，因此整體的常態帝國依舊存在。之所以會如此，不只是因為醫師階級拒絕放棄權力，不只是因為蘇聯利用這些職業病理化其他政治異議份子，也不只是因為蘇聯想要和其他國家一樣獲得更廣泛的社會控制力，更是因為此時的主流觀念仍是常態意識形態，人們仍會把個體能力拿去和常態做比較。由於布爾什維克派對神經多樣性受到的壓迫只有非常有限的知識與分析，所以他們在革命過程中，並不認為「常態帝國」是他們必須摧毀的事物。

事實上，身為行為主義之父的巴夫洛夫，曾因為他對常態化的貢獻而受到列寧的稱讚。一九二一年，列寧指出巴夫洛夫的研究對於「全世界的勞工」來說「極為重要」[2]，他資助巴夫洛夫的相關研究，希望能創造出新型的標準化蘇聯人。接著，列寧全心接納了菲德里克．泰勒（Frederick Taylor）對勞工的科學管理方法，蘇聯在一九二〇年代採用了這套管理模式。儘管當時的蘇聯勞工避開了市場資本主義中最嚴酷的不平等待遇，但是，他們不但對自己的工作場所缺乏控制權，還受到國家的高度控制，國家的目標是不惜一切代價讓勞工達到最高生產力，這種高度控制帶來了強制的神經基準性，就像美國一樣。這樣的結果和其他發展一樣能讓我們清楚看見，儘管蘇聯想要超越資本主義，卻從未擺脫國家資本主義，因此，儘管經濟不平等的程度下降了，但神經基準性仍占據優勢地位。

病理學典範的意識形態有一個特別令人印象深刻的例子，與列寧本人有關。在列寧於一九二四年過世後，史達林下令成立大腦研究所（Institute of the Brain）。這個研究所的主要任務是檢驗列寧的大腦，希望能釐清他為什麼如此天賦異稟。正如維克托・謝別斯琛（Victor Sebestyen）詳述的，蘇聯科學家「開始把列寧的大腦拿去和那些『普通人』」以及「『其他成就極高的人』做比較」。[3]他們費時整整十年做這件事，花了大量支出，在這段期間用甲醛和酒精保存列寧的大腦。他們把這顆大腦剖開、切片，接著拿去和接下來數年間的平均值做比較與分析。然而，事實證明這項研究是意識形態帶來的產品，而且浪費了大量資源。依據謝別斯琛的結論，這項十年計畫結束時的關鍵發現是「列寧的大腦很平凡。普通人的大腦平均重量介於一千三百至一千四百公克之間，而列寧的大腦重量是一千三百四十克。」

這並不代表布爾什維克派與蘇聯採用常態化的方法和其他地方一模一樣。一開始，蘇聯對優生學並不熱忱，甚至比其他西歐國家更不感興趣。正如尼古拉・克雷門索夫（Nikolai Krementsov）所述[4]，在十九世紀後半，俄羅斯帝國的多數區域，都缺乏能夠帶動社會對優生學產生興趣的適當社會經濟條件，例如城市化、人口過多和具有影響力的貴族階級。事實上，一直到一九一七年的革命之後，俄羅斯才逐漸擴大對於優生學的研究。接著，布爾什維克派的科學家開始把所謂的「資產階級」優生學與「無產階級」優生學區分開來。但是這兩者在實際執行時很相似，後來遭到反優生學的馬克思主義者批評，他們認為社會應該聚焦在健康保險與教育上，而非生物學控制上。整體來說，蘇聯國內對優生學的支持意見並沒有比其他地方還要更多或更少。而在蘇聯之外，一直到一九三四年，列夫・托洛斯基（Leon Trotsky）仍強調，他們希望能在美國把「真正的科學方法應用在優生學的問題上」，當時托洛斯基已經是砲火猛烈的史達林批判者了。[5] 最終，正如我們先前在其他國家看到的發展一樣，蘇聯俄羅斯和眾多馬克思主義者一直到二戰後，才開始認為公開支持優生學代表受到法西斯主義污染，不再廣泛接納優生學。但即使在這種情況下，優生學的意識形態仍在左派和其他政治光譜中不斷重現，人們往往會以優生學的邏輯來想像烏托邦未來，在優生學邏輯建構的世界中，人們會強化生產力與健康之間的等式，而不是提出質疑。

我的目標不是詳細介紹蘇聯的政策，或他們想要發展無產階級科學有哪些優點和限制。要對此進行詳細介紹是非常複雜的事，必須付出龐大資源，而且相較於我現在在做的事，需要更高的關注力。我只想在此強調，光是超越目前的主流資本主義形式或減少不平等的狀況，並不一定能終結常態帝國。我們必須從過去的人在嘗試這麼做時犯下的錯誤中學習，也要記得，由於新的經濟體制是從老舊體制強加的條件中發展出來的，所以任何以「後資本主義」為目標的發展方式，必定至少會保留我所謂的「常態帝國」機制的部分因素。

事實上，近期有許多人開始推斷資本主義有多高的機率，會發展成後資本主義社會——例如運用資訊科技與民主化達到這個結果——但他們幾乎沒有考量到神經多樣性受到壓迫，或者我們在新社會組織中要如何盡量減少這種壓迫。如果沒有考量到這些事的話，我們就有充分的理由相信，這些發展也會留下常態帝國機制中的部分元素，這些元素是製造、科學物化與控制神經多樣性必需的基礎。

脫離常態

要反抗常態帝國，我們必須做的第一件事，就是針對常態帝國的本質與運行，發展出進一步的分析，並以我們對後資本主義社會的未來想像為基礎，提出批判。如果我們不希望社會繼續遭受神經基準化的統治，甚至出現惡化，就必須努力讓未來的理論與行動往前述的方向發展。畢竟，考慮到近幾十年來重新在世界各地出現的法西斯政府與寡頭統治，在資本主義之後出現的，很有可能是更糟糕的事物。

目前我們還不清楚未來有多大的機率，會出現某種超越常態帝國的共產主義或後資本主義。正如我先前說過的，我撰寫本書不是為了提出一套策略或政策來改善當下的狀況。在我看來，在當下這個歷史性的時刻，優生學與資本主義的意識形態仍占據著霸權地位，我們如今才剛瞥見了那些指向可能出口的路標。想要決定未來的路通往哪裡，我們得提高眾人對相關問題的意識、批評與集體想像。這個計畫涉及理論、科學、政治與革新，需要花費數十年的時間。

不過，如今我們已經瞭解了本書中的各種論述，接下來可以提出下列幾個論點，讓我們隱約看見未來的各種可能性。首先，馬克思寫下的文字揭露了一件很重要的事，那就是他支持的理想狀態是徹底與神經基準性優勢相反的。雖然依照部分讀者的詮釋，他表達的是對於人性和繁榮發展的本質主義（essentialism），但若仔細閱讀就會發現，他對人性的看法比本質主義更靈活，並沒有受到任何明確的本質所牽制。正如保羅・雷克斯塔德（Paul Raekstad）所寫：

從根本上來說，馬克思對人類發展的觀點是開放的（open-ended，這是因為其觀點不依據任何預設標準來做評估），也是多元的（pluralistic，這是因為其觀點認為世上有各種不同的、有價值的發展方式，不應把全面發展或完美發展的特定願景強加在任何人身上）。[6]

值得注意的是，這種看法符合神經多樣性理論的核心觀點，也就是從物種的層面來看，人類的神經發展永遠都是變化多端、未結束且開放的。同樣符合這種觀點的是馬克思對共產主義的最高階段所懷抱的願景：各盡所能，按需分配。也就是說，他的最終目標是無論個體的能力如何，都可以獲得生活所需並受到重視。這方面當然還有許多空間讓我們在接下來的數年間付出努力，更進一步發展理論派馬克思主義，將神經多樣性運動的觀點與信念建立於其核心。

最後，我們必須積極地要求我們想要的組織方式與生活方式，**不以生產力來評價個體，也不把我們視為機器並隨時依照資本的經濟需求來升級我們**。儘管資本主義為全人類增進了醫療知識與醫療科技，但這些知識與科技往往是用在重新塑造資本主義神經基準性，而不是用在幫助人類於完整的神經多樣性中蓬勃發展。在神經多樣性共產主義中，我們將能於共享的生態圈中一起生活、一起工作，個體也不會因為神經多樣性或失去生產力而受到歧視。

若要實現這個目標，我們必須解決我在資本主義中發現的種種衝突，確立我們的理論和行為前進的方向，直到資本主義的力量毀壞了其自身的未來前景。在被毀壞的資本主義前景中，有一些涉及了工作。在實務方面，神經多樣性馬克思主義需要我們遠離那些教導各個公司如何剝削神經多樣性勞工的多樣化顧問，我們應該轉向神經多樣性勞工所組織成的「神經多樣性團體」，以基進的方式改變職場的結構與期待。事實上，近年來已經出現過許多類似的發展，我聽說有許多新興的神經多樣性團體已經成立了，目的就是改變他們的職場。珍寧・布思（Janine Booth）等神經多樣性工會主義者已經開始研究，要如何幫助工會變得更能包容神經多樣性、更聚焦在神經多樣者的需求上。[7]有更多人努力建立神經多樣性導向的合作社，這些人付出的努力也有助於社會建立新的工作模式與關聯模式，這些模式比較不容易因為公司重視利潤勝過勞動環境而受到影響。努力推動社會往這個方向前進是很重要的一件事，這些付出不僅會使人們建構工作與理解工作的方式出現越來越大的改變，也會為那些如今被視為剩餘人口的神經多樣者帶來更多工作機會。因此從長遠來看，這些付出將會為更多障礙者提供更強大的組織力量。

我們現在已經可以指出，綜合的剩餘階級和全世界的勞工必須要一起組織成「剩餘者」勢力，同時勞工也必須改變他們的理論與行為，接納對於優生學意識形態的批判，也接納剩餘人口的解放。我們必須這麼做，不只是因為剩餘階級與勞工合併之後所帶來的力量，才有機會真正建立後資本主義的世界，更是因為我們必須建構出一個不再以另一種方式重現「常態帝國」的世界。

若我們要形塑出一種以剩餘人口為中心的過渡政治，並找到方法讓這些人以「剩餘人口的身分」獲得權力，那麼我們就需要使用不同於傳統工會的組織方式，傳統工會的基礎是威脅要留置規律上班的有薪勞動力。這種非傳統的工會組織方式有許多不同的形式。工會可以應用更多種機制來幫助不規律受僱的剩餘人口，成為可留置的勞動力，以過往的真實事件為例，每日領薪的英國港口勞工也曾成功罷工過。又或者，我們可以要求政府實施無條件基本收入（Universal Basic Income），讓所有剩餘人口獲得更高的經濟權力，無論他們能否留置自身的勞動力都一樣，這些經濟權力是身為消費者可以留置的力量，也能用來組織直接的行動。

同樣值得注意的是馬克思－列寧先鋒主義，該主義認為應該由勞工領導的團體來提高革命意識。近期還有一個備受關注的組織，是在二〇一八至二〇二三年曇花一現的「紅色反擊」（Red Fightback）。儘管這個組織因多位領導者的問題而產生分裂，但他們也完成了十分重要的社群工作，我們可以將他們視為第一個明確承諾要終止神經多樣性壓迫的組織。組織中有多位領導者公開坦承自己是神經多樣者或酷兒。紅色反擊和一九七〇年代崛起的黑豹黨有一些相似之處，黑豹黨是馬克思－列寧派的團體，儘管初期遇到了一些問題，不過後來努力發展，變得具有多元交織性。我們很可能會在接下來數年間看到更多具有神經多樣性特質的馬克思－列寧式組織，尤其因為神經常態正逐漸變得越來越受限，這很可能是同時在勞工階級與剩餘階級中，得以提高更廣泛神經多樣性運動意識的關鍵。

神經多樣性的馬克思主義，同樣需要依賴心理健康政治中的現有元素。在論及各種精神學科時，我們不應該只因為一九六〇與七〇年代的多數廢除主義者都失敗了，就認為強制廢除是不可能的事。正如我們先前讀到的，他們之所以會失敗，是因為通常沒有更好的替代方案，導致許多精神病院的前收容人最後無家可歸或鋃鐺入獄。此外，薩茲主義一開始就是為了這種運作方式而設計的，到了最後，是因為社會整體轉向新自由主義，使得薩茲主義占據優勢地位，成為所謂的生醫精神科學反敘事。然而，這並不代表其他形式的廢除主義就不值得我們追求。若希望其他形式的廢除主義能成功，我們很可能會需要以巴薩格利亞、塞奇威克與社會主義患者組織的觀點為基礎，這些思考模式都能避免薩茲學派與資產階級的批判精神醫學，轉變成海耶克式道德觀與否認障礙者的觀點。**我們應該把目標放在消除強制行為與傷害，還有醫師階級的權力。同時也要踏實地保護人們對於障礙與疾病的認知，以及保護人們對居住、資源、支持與服務的需求。**這些服務需要大幅度的改變與增加，把有需要的人放在核心，而大規模的社區建設，則必須超出國家支持的範圍之外。

在科學研究層面，想要持續建構神經多樣性的典範科學，需要各種測量與分析的新方法、將焦點放在神經多樣者的觀點、使用社會與生態的功能模式，以及對於神經多樣性障礙的政治化理解。這項科學將需要由神經多樣者來領導，以神經多樣者為導向，尤其是那些受到多重邊緣化的神經多樣者。這麼做之所以重要，是因為這不僅能幫助我們「掙脫」病理學典範的掌握，建構嶄新的知識，還能引領我們邁向新形態的社會組織與生活方式。

這也提高了去殖民化神經多樣性的理論和研究的重要性。雖然神經多樣性理論必定很符合反種族主義政治，但截至目前為止，人們關注的觀點都來自北方國家特定幾個族裔的領導者。因此，這個理論反映的也是這些人的觀點和關注的事物。在過去這幾年間，神經多樣性理論已經被世界多數地區——從智利到肯亞——採用，並受到調整，目前看來，未來數年間也會持續這樣的趨勢，這是因為全球資本主義在每個地方都會產生形式相仿的失能、障礙與疾病。神經多樣性理論將會因此出現改變、遇到挑戰，也會進一步往新方向發展，反映出各個地區的不同環境與不同人所提出的需求，並由這些需求引領前進。因此，北方國家的人在建立神經多樣性典範時，必須保持充滿彈性且開放的態度，以便南方國家的人能採用並調整這種典範。我們的神經多樣性行動也必須以國際主義為導向，將目標放在破壞優生學界線，因為正是這些界線建構並限制了全球性的運動。

神經多樣性保守派的基進政治，也和環境保守派的基進政治相互呼應。畢竟，這兩者都存在於同樣的邏輯、同樣的體制之下，這些邏輯與體制破壞了地球的多樣性，同時又試圖消除人類的神經多樣性。而神經多樣性的自由解放，也同樣無法脫離那些不符合性別常態與性常態的人、受父權壓迫的人和身體障礙者的自由解放，這些人的自由解放全都息息相關。正如我們先前讀到的，常態與超常態（supernormality）的理想會和種族資本主義以及一系列的優勢連鎖體系一起成長，又有緊密關聯，**常態帝國正是從這些優勢連鎖體系中誕生的**。我們的神經多樣性馬克思主義必須努力理解上述的一切事物，這是因為若達不到集體的自由解放，也就完全沒有自由解放可言了。

我必須在此強調的一個重點是，部分神經多樣性的障礙與疾病會永遠存在於這個世界上，只有法西斯主義者才會想像出一個完全沒有這些障礙與疾病存在的夢幻世界。但是，大量的神經多樣性障礙，以及持續且大規模的焦慮、恐慌、憂鬱和精神疾病，再加上社會對於神經多樣者的系統性歧視，卻是如今這個歷史性時代特有的問題。換句話說，神經基準性的霸權統治就是我們這個年代的關鍵問題。這是因為，雖然常態帝國與隨之而來的病理學典範，是在資本主義邏輯中出現的，但如今它們已經靠著自身的權利，變成了處處可見且部分獨立的優勢系統。

我想要寫一本書，幫助許許多多人認識那些使他們不斷遇到各種問題、更宏觀的背景脈絡。這有助於我們瞭解，為什麼神經多樣性運動會出現，以及神經多樣性的自由解放需要什麼。我希望能在這本書中為提高集體意識提供一點貢獻，同時幫助引導我們未來幾年間的理論和行動。正如我先前說過的，這些當然還是不完整的觀點，也只是我們前往新世界的盛大集體遊行中的一小步。但說到底，我希望讓讀者看到的是，在這個歷史性的時刻，我們必須集體建構出大眾反資本主義的神經多樣性政治，不只是為了神經多樣性的自由解放，也是為了幫助我們做出規模更大的努力，達到集體的自由解放。

因此，我們必須努力付出，邁向能夠超越常態帝國的未來世界。這樣的未來是現在的我們還無法確切理解的。這是因為四面八方仍充滿了意識形態，像一片籠罩了萬事萬物的霧，阻礙我們思考和觀察的能力。然而，隨著集體意識逐漸成長，這片霧也會逐漸散去。在我們組織起神經多樣性勞工與剩餘階級的成員，跨越了鬥爭的國界與區域時，我們的力量也會隨之成長。舊世界將會傾頹，其結構也會崩潰，同時我們的可能性將會拓展。接著，我們會看到一條清楚的道路，旁邊的指標寫著我們將抵達光明的未來。是否能抵達那個未來，都取決於我們。

致謝

由於許多偶發的歷史事件與資產階級意識形態，人們往往認為書籍是源自單一作家的貢獻，但實際上，每一本書都是集眾人之力的產品。這本書經歷了許多轉變，一路上也有幸獲得許多人的塑造、指引和改良。

本書的各個部分在不同的時間點，因為下列各位的回饋而獲得顯著的改善：哈恩・曼（Hane Maung）、科林恩・麥奎爾（Coreen McGuire）、大衛・貝瑟（David Batho）、科許卡・達夫（Koshka Duff）、雪莉・崔曼（Shelley Tremain）、哈維・卡瑞爾（Havi Carel）、雅各・尼維斯托（Jaakko Nevasto）、肖娜・墨菲（Shona Murphy）、克利斯・貝利（Chris Bailey）、托瑪斯・佩努（Tuomas Pernu）、湯姆・懷曼（Tom Whyman）、約翰・雷（John Ray）、愛麗絲・麥安德魯（Alice McAndrew）、安東・耶格（Anton Jäger）、茱蒂・辛格、伊薩克・尼伯恩・霍普金斯（Isaac Kneebone Hopkins）與尼克・沃克。在後期，下列各位在閱讀完整草稿後，提供了大量的寶貴回饋：約書亞・哈伯古德－庫特（Joshua Habgood-Coote）、碧翠絲・艾德勒－波頓、大衛・舒曼（David Shulman）與海爾・史潘德勒。

我在內文中提到了許多人的名字，和他們的非正式來往讓我獲益良多，除此之外，還有許多在本書內文中沒有提到名字的人也幫助我獲益良多，包括：米卡・弗雷澤－卡羅（Micha Frazer-

Carroll）、艾布斯·史坦納德·愛希利（Abs Stannard Ashleigh）、莫妮克·波薩－凱特（Monique Botha-Kite）、賈斯汀·加爾森（Justin Garson）、尼帕·瘋狗（Nipper Mad Dog）、奈夫·瓊斯（Nev Jones）、維吉尼亞·波維爾（Virginia Bovell）、丹·德格曼（Dan Degerman）、大衛·莫迪凱（David Mordecai）、阿拉斯特·摩根（Alastair Morgan）、文森佐·帕桑特·斯帕卡皮崔（Vincenzo Passantre Spaccapietra）、羅斯安妮弗羅（RoseAnnieFlo）、吉蘭·基努亞尼（Guilaine Kinouani）、碧翠斯·漢－派爾（Béatrice Han-Pile）、達米安·米爾頓（Damian Milton）、索尼亞·索恩斯（Sonia Soans）、史蒂文·卡普（Steven Kapp）、傑·瓦茲（Jay Watts）、佛格斯·莫瑞（Fergus Murray）、桑尼·哈利特（Sonny Hallet）、阿布杜·阿布哈桑（Abdo Abuhassan）等，族繁不及備載。他們雖然在許多方面和我有不同意見，但他們的觀點已然貫通本書。

在過去的一年間，我因為長新冠後遺症而被困在床上，寫下了本書的絕大部分內容。在這段時間，我的貓一直都堅定地陪伴著我，不過牠的編輯建議全都被我拒絕了。我要特別感謝我的編輯大衛·舒曼（David Shulman），打從我們第一次見面開始，他一直毫無猶豫地提供支持和指導。

最後，若沒有愛麗絲（Alice）、珍妮（Jenny）、艾德利安（Adrian）、哈麗葉特（Harriet）、丹尼爾（Daniel）和丹（Dan），我永遠都不可能完成這本書。我對他們過去所做的、未來將會做的一切感激不盡。

marxists.org/archive/lenin/works/cw/pdf/lenin-cw-vol-32.pdf

3. Victor Sebestyen. *Lenin: The Man, the Dictator, and the Master of Terror*. New York: Pantheon Books, 2017, 484.

4. Nikolai Krementsov. *With and Without Galton: Vasilii Florinskii and the Fate of Eugenics in Russia.* Cambridge: Open Book Publishers, 2018.

5. Leon Trotsky. 'If America Should Go Communist'. 17 August 1934. www.marxists.org/archive/trotsky/1934/08/ame.htm

6. Paul Raekstad. *Karl Marx's Realist Critique of Capitalism Freedom, Alienation, and Socialism.* Switzerland, Palgrave Macmillan, 2022, 25. https://doi.org/10.1007/978-3-031-06353-4

7. Janine Booth. 'Marxism and Autism', 2017. www.janinebooth.com/content/marxism-and-autism

4. J. Davies. *Sedated: How Modern Capitalism Created Our Mental Health Crisis.* London: Atlantic Books, 2021.
5. Frantz Fanon. *The Wretched of the Earth.* Translated by Constance Farringdon. Harmondsworth: Penguin, 1967.
6. Karina Zapata. Decolonizing mental health: The importance of an oppression-focused mental health system. *Calgary Journal.* 2020. https://calgaryjournal.ca/2020/02/27/decolonizing-mental-health-the-importance-of-an-oppression-focused-mental-health-system/
7. Beatrice Adler-Bolton, and Artie Vierkant. *Health Communism: A Surplus Manifesto*. Brooklyn: Verso, 2022.
8. M. Cresswell, and H. Spandler. ' Psychopolitics: Peter Sedgwick's Legacy for Mental Health Movements'. *Social Theory and Health* 7, no. 2, (2009): 129–147.
9. Recovery In the Bin, 'About Us'. https://recoveryinthebin.org/
10. Mark Fisher. *Capitalist Realism: Is There No Alternative?* Ropley: Zero Books, 2009.
11. Chapman, 'The Reality of Autism'.
12. Zentall et al., 'Social Behavior in Cooperative Groups'.
13. Robert Chapman. 'Neurodiversity and the Social Ecology of Mental Functions'. *Perspectives on Psychological Science*, 16, no. 6 (2021): 1360–1372. https://doi:10.1177/1745691620959833
14. Karl Marx. *Grundrisse: Foundations of the Critique of Political Economy.* Translated by Martin Nicolous. Aylesbury: Penguin Books, 1993, 706.
15. Harvey Blume. 'Neurodiversity: On the Neurological Underpinnings of Geekdom'. *The Atlantic*, September 1998. www.theatlantic.com/magazine/archive/1998/09/neurodiversity/305909/
16. Jasbir Puar. *The Right to Maim: Debility, Capacity, Disability.* Durham: Duke University Press, 2017, 79.

第11章　常態過後

1. Raya Dunayevskaya. 'The Union of Soviet Socialist Republics is a Capitalist Society'. *The Marxist-Humanist Theory of State Capitalism: Selected Writings.* Chicago: News and Letters, 1992. www.marxists.org/archive/dunayevskaya/works/1941/ussr-capitalist.htm
2. Vladimir Lenin. 'Concerning The Conditions Ensuring the Research Work of Academician I. P. Pavlov and His Associates: Decree of the Council of People's Commissars'. In *Lenin's Collected Works.* 1st English ed. Volume 32. Translated by Yuri Sdobnikov. Moscow: Progress Publishers, 1965, 69. www.

第9章　神經多樣性運動

1. Judy Singer. *NeuroDiversity: The Birth of an Idea*, Self-published, Amazon, 2016, 18.
2. Steve Silberman. *NeuroTribes: The Legacy of Autism and the Future of Neurodiversity.* New York: Avery, 2015.
3. Judy Singer. 'Why Can't You be Normal for Once in Your Life?: From a "Problem with No Name" to a New Category of Disability'. In *Disability Discourse*, edited by Mairian Corker and Sally French, 59–67. Buckingham: Open University Press, 1999, 64.
4. Union of Physically Impaired Against Segregation and The Disability Alliance. 'Fundamental Principles of Disability'. London: UPIAS, 1975, 4.
5. Sami Schalk. *Black Disability Politics*. Durham: Duke University Press, 2022, 34.
6. Jim Sinclair. 'Don't Mourn for Us'. *Our Voice* 1, no. 3 (1993). www.autreat.com/dont_mourn.html
7. Harvey Blume. 'Neurodiversity: On the Neurological Underpinnings of Geekdom'. *The Atlantic*, September 1998. www.theatlantic.com/magazine/archive/1998/09/neurodiversity/305909/
8. Judy Singer. 2018. 'Neurodiversity: Definition and Discussion'. *Reflections on Neurodiversity.* https://neurodiversity2.blogspot.com/p/what.html
9. Thomas Kuhn. *The Structure of Scientific Revolutions*. 50th anniversary ed. Chicago: University of Chicago Press, 2012.
10. Nick Walker, and Dora Raymaker. 'Toward a Neuroqueer Future: An Interview with Nick Walker'. *Autism in Adulthood* 3, no. 1 (2021): 6. https://doi.org/10.1089%2Faut.2020.29014.njw

第10章　認知衝突

1. Steve Graby. 'Neurodiversity: Bridging the Gap Between the Disabled People's Movement and the Mental Health System Survivors' Movement?' In *Madness, Distress and the Politics of Disablement*. Bristol, UK: Policy Press, 2015. https://doi.org/10.51952/9781447314592.ch016
2. Lydia X. Z. Brown, and Shain M. Neumeier. 'In the Pursuit of Justice: Advocacy by and for Hyper-Marginalized People with Psychosocial Disabilities through the Law and Beyond'. In *Mental Health, Legal Capacity, and Human Rights*, edited by Michael Ashley Stein, Faraaz Mahomed, Vikram Patel, and Charlene Sunkel, 332–348. Cambridge: Cambridge University Press, 2021. https://doi.org/10.1017/9781108979016.025
3. Remi M. Yergeau. *Authoring autism: on rhetoric and neurological queerness*. Durham, NC, Duke University Press, 2017.

30. Kurt Danziger. *Constructing the Subject: Historical Origins of Psychological Research*. Cambridge: Cambridge University Press, 1990, 112–113.

31. 例如本書作者曾向英國的一間知名連鎖酒吧申請廚房助手的工作，在人格特質測試後被刷掉。

32. Anne Parsons. *From Asylum to Prison: Deinstitutionalisation and the Rise of Mass Incarceration after 1945*. Chapel Hill: The University of North Carolina Press, 2018, 3.

33. Ryan Hatch. *Silent Cells: The Secret Drugging of Captive America*. Minneapolis: University of Minnesota Press, 2019, 11.

34. Liat Ben-Moshe. 'Why Prisons are not "The New Asylums." ' *Punishment & Society* 19, no. 3 (2017). https://doi.org/10.1177/1462474517704852

35. Mark Fisher. *Capitalist Realism: Is There No Alternative?* Ropley: Zero Books, 2009, 19.

36. Fisher, *Capitalist Realism*, 37.

37. A. Gustavsson, M. Svensson, F. Jacobi, C. Allgulander, J. Alonso, E. Beghi, R. Dodel, M. Ekman, C. Faravelli, L. Fratiglioni, B. Gannon, D. H. Jones, P. Jennum, A. Jordanova, L. Jönsson, K. Karampampa, M. Knapp, G. Kobelt, T. Kurth, and R. Lieb. 'Cost of Disorders of the Brain in Europe 2010'. *European Neuropsychopharmacology: The Journal of the European College of Neuropsychopharmacology*, 21, no. 10 (2011): 720. https://doi.org/10.1016/j.euroneuro.2011.08.008

38. Ari Ne'eman. 'Screening Sperm Donors for Autism? As an Autistic Person, I Know That's the Road to Eugenics'. *The Guardian*, 30 December 2015. www.theguardian.com/commentisfree/2015/dec/30/screening-sperm-donors-autism-autistic-eugenics

39. Anne E. McGuire. 'Buying Time: The S/pace of Advocacy and the Cultural Production of Autism'. *Canadian Journal of Disability Studies* 2, no. 3 (2013): 114. https://doi.org/10.15353/cjds.v2i3.102

40. P. R. Heck, D. J. Simons, and C. F. Chabris. '65% of Americans Believe they are Above Average in Intelligence: Results of two Nationally Representative Surveys'. *PLoS ONE*, 13 no. 7 (2018). Article e0200103. https://doi.org/10.1371/journal.pone.0200103

41. Martha Nussbaum. *Frontiers of Justice: Disability, Nationality, Species Membership*. Cambridge: Belknap Press, 2006, 364–365.

42. Jeremy Appel. 'The Problems with Canada's Medical Assistance in Dying Policy'. *Jacobin*, 8 January 2023. https://jacobin.com/2023/01/canada-medically-assisted-dying-poverty-disability-eugenics-euthanasia

18. Shulamite A. Green, and Ayelet Ben-Sasson. 'Anxiety Disorders and Sensory Over-Responsivity in Children with Autism Spectrum Disorders: Is There a Causal Relationship?' *Journal of Autism and Developmental Disorders* 40, no. 12 (2010): 1495–1504. https://doi.org/10.1007/s10803-010-1007-x

19. Differentnotdeficient. 'Sensory Survival: Living with Hypersensitivity, Overwhelm, & Meltdowns'. *Neuroclastic*, 28 April 2019. https://neuroclastic.com/sensory-survival-living-with-hypersensitivity-overwhelm-meltdowns/

20. Robert Hassan. *Empires of Speed: Time and the Acceleration of Politics and Society.* Boston: Brill Academic, 2009, 20–21.

21. Berardi, *Soul at Work*, 108.

22. Ahmad Ghanizadeh. 'Sensory Processing Problems in Children with ADHD, A Systematic Review'. *Psychiatry Investigation* 8, no. 2 (2011): 89–94. https://doi.org/10.4306/pi.2011.8.2.89

23. Raphaelle Beau-Lejdstrom, Ian Douglas, Stephen J. W. Evans, and Liam Smeeth. 'Latest Trends in ADHD Drug Prescribing Patterns in Children in the UK: Prevalence, Incidence and Persistence'. *BMJ Open* 6 (2016): e010508. https://bmjopen.bmj.com/content/6/6/e010508

24. Russell A. Barkley, Kevin R. Murphy, and Mariellen Fischer. *ADHD in Adults: What the Science Says.* New York and London: The Guildford Press, 2008, 279.

25. Stefano Tancredi, Teresa Urbano, Marco Vinceti, and Tommaso Filippini. 'Artificial Light at Night and Risk of Mental Disorders: A Systematic Review'. *Science of The Total Environment* 833 (2022): 155–185. https://doi.org/10.1016/j.scitotenv.2022.155185

26. Eliana Neophytou, Laurie A. Manwell, and Roelof Eikelboom. 'Effects of Excessive Screen Time on Neurodevelopment, Learning, Memory, Mental Health, and Neurodegeneration: A Scoping Review'. *International Journal of Mental Health and Addiction* 19, no. 3 (2021): 724–744. https://doi.org/10.1007/s11469-019-00182-2

27. Manfred E. Beutel, Claus Jünger, Eva M. Klein, Philipp Wild, Karl Lackner, Maria Blettner, Harald Binder et al. 'Noise Annoyance Is Associated with Depression and Anxiety in the General Population – The Contribution of Aircraft Noise'. *PLoS ONE* 11, no. 5 (2016): e0155357. https://doi.org/10.1371/journal.pone.0155357

28. Roianne R. Ahn, Lucy Jane Miller, Sharon Milberger, and Daniel N. McIntosh. 'Prevalence of Parents' Perceptions of Sensory Processing Disorders Among Kindergarten Children'. *American Journal of Occupational Therapy* 58, no. 3 (2004): 287–293. https://doi.org/10.5014/ajot.58.3.287

29. Harvey Goldstein. 'Francis Galton, Measurement, Psychometrics and Social Progress'. *Assessment in Education: Principles, Policy & Practice* 19, no. 2 (2012): 156. https://doi.org/10.1080/0969594X.2011.614220

of Adults with Major Depressive Disorder: A Systematic Review and Network Meta-Analysis' . *The Lancet* 391, no. 10128 (2018): 1357–1366. https://doi.org/10.1016/S0140-6736(17)32802-7

第8章　後福特主義導致大規模失能

1. David Harvey. *A Brief History of Neoliberalism*. Oxford: Oxford University Press, 2005, 2.
2. Harvey, *Brief History of Neoliberalism,* 3.
3. Margaret Thatcher. 'Interview for *Catholic Herald*, 5 December 1978'. *Margaret Thatcher Foundation*. www.margaretthatcher.org/document/103793
4. Margaret Thatcher. 'Nicholas Ridley Memorial Lecture'. Central London, 22 November 1996. *Margaret Thatcher Foundation.* www.margaretthatcher.org/document/108368
5. Iain Ferguson. *Politics of the Mind: Marxism and Mental Distress.* London: Bookmarks, 2017, 15–17.
6. Ferguson, *Politics of the Mind*, 16.
7. Karl Marx. 'Estranged Labour'. *Economic and Philosophical Manuscripts of 1844. Marxists Internet Archive,* 1844. www.marxists.org/archive/marx/works/1844/manuscripts/labour.htm
8. Charles Wright Mills *White Collar: The American Middle Classes*. 50th anniversary ed. New York: Oxford University Press, 2002, 182–188.
9. Arlie Russell Hochschild. *The Managed Heart: Commercialization of Human Feeling*. Berkeley: University of California Press, 2012, 8.
10. Hochschild, *Managed Heart,* 7.
11. Hochschild, *Managed Heart*, 131.
12. Hochschild, *Managed Heart*, 54.
13. Yann Moulier Boutang. *Cognitive Capitalism*. Translated by Ed Emery. Cambridge: Polity Press, 2012, 50–57.
14. Franco Berardi. *The Soul at Work: From Alienation to Autonomy*. Los Angeles: Semiotext(e), 2009, 24.
15. Berardi, *Soul at Work*, 109.
16. Sami Timimi, Brian McCabe, and Neil Gardner. *The Myth of Autism: Medicalising Mens' and Boys' Social and Emotional Competence.* Basingstoke: Palgrave-Macmillan, 2010.
17. Office for National Statistics. 'Outcomes for Disabled People in the UK: 2020'. *Office for National Statistics*, 18 February 2021. https://www.ons.gov.uk/peoplepopulationandcommunity/healthandsocialcare/disability/articles/outcomesfordisabledpeopleintheuk/2020

loc/brain/proclaim.html

2. American Psychiatric Association. *Diagnostic and Statistical Manual of Mental Disorders*. Washington DC: APA Press, 1952, 138–139.
3. American Psychiatric Association. *DSM-II: Diagnostic and Statistical Manual of Mental Disorders*. Washington DC: APA Press, 1968, 44.
4. Richard McNally. *What is Mental Illness?* Cambridge: Belknap Press, 2011, 24.
5. American Psychiatric Association. *DSM-III: Diagnostic and Statistical Manual*. Washington DC: APA Press, 1980, 6.
6. Robert L. Spitzer 'The Diagnostic Status of Homosexuality in DSM-III: A Reformulation of the Issues'. *American Journal of Psychiatry* 212, no. 2 (1981): 210–215. https://doi.org/10.1176/ajp.138.2.21, emphasis in original.
7. Christopher Boorse. 'On the Distinction Between Disease and Illness'. *Philosophy and Public Affairs* 5, no. 1 (1975): 49–68.
8. Nancy Andreasen. *The Broken Brain: The Biological Revolution in Psychiatry*. New York and London: Harper & Row, 1984, 8.
9. Ethan Watters. *Crazy Like Us: The Globalization of the Western Mind.* St Ives: Robison, 2011.
10. Robert Whitaker. *Anatomy of an Epidemic: Magic Bullets, Psychiatric Drugs, and the Astonishing Rise of Mental Illness in America.* New York: Crown, 2010, 8.
11. Stephen Taylor, Fizz Annand, Peter Burkinshaw, Felix Greaves, Michael Kelleher, Jonathan Knight, Clare Perkins, Anh Tran, Martin White, John Marsden. Dependence and Withdrawal Associated with Some Prescribed Medicines: An Evidence Review'. *Public Health England*, London. 2019. https://assets.publishing.service.gov.uk/government/uploads/system/uploads/attachment_data/file/940255/PHE_PMR_report_Dec2020.pdf
12. Emily Terlizzi, and Tina Norris. 'Mental Health Treatment Among Adults: United States, 2020'. *NCHS Data Brief* 419 (2021). https://dx.doi.org/10.15620/cdc:110593external icon
13. Adam Rogers. 'Star Neuroscientist Tom Insel Leaves the Google-Spawned Verily for [···] a Startup?' *Wired*, 11 May 2017. www.wired.com/2017/05/star-neuroscientist-tom-insel-leaves-google-spawned-verily-startup/?mbid=social_twitter_onsiteshare
14. Andrea Cipriani, Furukawa Toshi, Georgia Salanti, Anna Chaimani, Lauren Z. Atkinson, Yusuke Ogawa, Stefan Leucht, Henricus G. Ruhe, Erick H. Turner, Julian P. Higgins, Matthias Egger, Nozomi Takeshima, Yu Hayasaka, Hissei Imai, Shinohara Kiyomi, Aran Tajika, John P. A. Ioannidis, and John R. Geddes 'Comparative Efficacy and Acceptability of 21 Antidepressant Drugs for the Acute Treatment

London: Routledge, 2005, 58.

6. Ivan Pavlov. *The Work of the Digestive Glands*. London: Griffin, 1902.
7. John Watson. *Behaviorism*. New York: People's Institute, 1924, 104.
8. Burrhus Frederic Skinner. *The Behavior of Organisms*. New York: Appleton-Century-Crofts, 1938.
9. Burrhus Frederic Skinner. *Beyond Freedom and Dignity*. Bungay: Pelican, 1976.
10. Rebecca Lemov. *World as Laboratory: Experiments with Mice, Mazes, and Men*. New York: Hill and Wang, 2005.
11. Lemov, *World as Laboratory*, 54.
12. Lemov, *World as Laboratory*, 53.
13. Edward Hunter. 'Brain-Washing Tactics Force Chinese into Ranks of the Communist Party'. *Miami News*, 24 September 1950.
14. Lemov, *World as Laboratory*, 3.
15. Daniel Bell. 'The Study of Man: Adjusting Men to Machines'. *Commentary*, January 1947. www.commentary.org/articles/danielbell-2/the-study-of-man-adjusting-men-to-machines/
16. See, e.g. Burrhus Frederic Skinner. *Beyond Freedom and Dignity*. Bungay: Pelican, 1976, 154.
17. John Stewart. ' "The Dangerous Age of Childhood": Child Guidance in Britain c.1918–1955'. *History & Policy*, 1 October 2012. www.historyandpolicy.org/policy-papers/papers/the-dangerous-age-of-childhood-child-guidance-in-britain-c.1918-1955
18. Dan Moser, and Allan Grant. 'Screams, Slaps and Love: A Surprising, Shocking Treatment Helps Fargone Mental Cripples'. *Life*, 7 May 1965, 90.
19. George Rekers, and Ivar Lovaas. 'Behavioral Treatment of Deviant Sex-Role Behaviors in a Male Child'. *Journal of Applied Behavior Analysis* 7, no. 2 (1974): 173–190. https://doi.org/10.1901/jaba.1974.7-173
20. Robert Whitaker. *Anatomy of an Epidemic: Magic Bullets, Psychiatric Drugs, and the Astonishing Rise of Mental Illness in America*. New York: Crown, 2010, 84.
21. Andrew Scull. *Madness in Civilization: A Cultural History of Insanity, from the Bible to Freud, from the Madhouse to Modern Medicine*. Princeton: Princeton University Press, 2016, 367.

第7章　高爾頓精神醫學的回歸

1. George H. W. Bush. 'Presidential Proclamation 6158'. *Library of Congress*, 17 July 1990. www.loc.gov/

London: Verso Books, 2015.

17. Peter Sedgwick. *Psychopolitics: Laing, Foucault, Goffman, Szasz, and the Future of Mass Psychiatry.* London: Unkant, 2015, 216.
18. Anne Parsons. *From Asylum to Prison: Deinstitutionalisation and the Rise of Mass Incarceration after 1945.* Chapel Hill: The University of North Carolina Press, 2018, 5.
19. Scull, *Desperate Remedies*, 291.
20. David C. Grabowski, Kelly A. Aschbrenner, Zhanlian Feng, and Vincent Mor. 'Mental Illness in Nursing Homes: Variations Across States'. *Health Affairs* 28, no. 3 (2009): 689–700. https://doi.org/10.1377/hlthaff.28.3.689
21. Andrew Scull. *Decarceration: Community Treatment and the Deviant – A Radical View.* Hoboken: Prentice-Hall, 1977.
22. Scull, *Desperate Remedies*, 290.
23. Liat Ben-Moshe. *Decarcerating Disability: Deinstitutionalization and Prison Abolition.* Minneapoli.s, Minnesota University Press, 2020.
24. Thomas Szasz. Letters to Friedrich August von Hayek, 1964–1983. *The Thomas S. Szasz, M.D. Cybercenter for Liberty and Responsibility.* www.szasz.com/hayek.html
25. Thomas Szasz. *Psychiatry: The Science of Lies.* New York: Syracuse University Press, 2008, 110.
26. Friedrich A. Hayek. *The Road to Serfdom: Text and Documents.* Definitive ed. Edited by Bruce Caldwell. Chicago: University of Chicago Press, 2007, 217.

第6章　福特主義者的常態化

1. Karl Marx. *Grundrisse: Foundations of the Critique of Political Economy.* Translated by [Martin Nicolous]. Ayelsbury: Penguin Books, 1993, 287.
2. Edward Bernays. 'The Engineering of Consent'. *Annals of the American Academy of Political and Social Science* 250, no. 1 (1947): 119. https://doi.org/10.1177/000271624725000116
3. Max Horkheimer, and Theodor Adorno. *Dialectic of Enlightenment: Philosophical Fragments.* Edited by Gunzelin Schmid Noerr. Translated by Edmund Jephcott. Stanford: Stanford University Press, 2002, 94–97.
4. Herbert Marcuse. *One-Dimensional Man: Studies in the Ideology of Advanced Industrial Society.* Boston: Beacon Press, 1964, 7.
5. Majia Holmer Nadesan. *Constructing Autism: Unravelling the 'Truth' and Understanding the Social.*

第5章　反精神醫學的迷思

1. Wilhelm Reich. *The Mass Psychology of Fascism*. New York: Orgone Institute Press, 1946.
2. Sigmund Freud. *The Psychopathology of Everyday Life*. Translated by James Strachey. Harmondsworth: Penguin Books, 1975.
3. Thomas Szasz. 'An Autobiographical Sketch'. In *Szasz Under Fire: The Psychiatric Abolitionist Faces His Critics*. Edited by Jeffrey A. Schaler, 1–28. Chicago: Open Court, 2004, 22–23.
4. Szasz, 'Autobiographical Sketch', 24.
5. Thomas Szasz. 'The Myth of Mental Illness'. *American Psychologist* 15, no. 2 (1960): 113–118. https://doi.org/10.1037/h0046535
6. Szasz, 'Myth of Mental Illness', 114.
7. Szasz, 'Myth of Mental Illness', 114.
8. Szasz, 'Myth of Mental Illness', 114.
9. 不可否認地，薩茲認為若發現某個疾病具有根本的生物學異常，他很樂意承認那是真正的疾病，也認為這種病理學發現是客觀的。但在這樣的案例中，他認為這種病理化（pathologisation）是純粹的科學問題，他在意的是這種已證實的疾病，應該要從精神醫學的範疇轉移至神經科學的範疇。他指出，這其實就是歷史上經常發生的狀況，例如在1890年代，醫學界發現過去稱為廣泛麻痺（general paralysis）或麻痺式痴呆（paresis of the insane）的疾病其實是由梅毒引起的。若沒有病理學證據，醫師就沒有理由將任何狀態稱作疾病，進而把那些受苦的人置於醫師的掌控之下。在他撰寫這些觀點時，心理障礙還沒有任何已知的生理學基礎——也就是說，他的論點對精神醫學的核心提出了強烈的質疑。
10. David G. Cooper. *Psychiatry and Anti-Psychiatry*. Abingdon: Routledge, 2001.
11. David G. Cooper ed. *The Dialectics of Liberation*. Harmondsworth: Penguin, 1968.
12. Michael E. Staub. *Madness is Civilisation: When the Diagnosis Was Social, 1948–1980*. Chicago and London: University of Chicago Press, 2011.
13. Staub, *Madness is Civilisation,* 110.
14. Judi Chamberlin. *On Our Own: Patient-Controlled Alternatives to the Mental Health System.* New York: Hawthorn Books, 1978.
15. Andrew Scull. *Desperate Remedies: Psychiatry's Turbulent Quest to Cure Mental Illness*. Cambridge, MA: Harvard University Press, 2022, 294.
16. John Foot. *The Man Who Closed the Asylums: Franco Basaglia and the Revolution in Mental Health Care.*

第4章　優生學運動

1. Pauline M. H. Mazumdar. *Eugenics, Human Genetics and Human Failings: The Eugenics Society, Its Sources and its Critics in Britain.* London and New York: Routledge, 1992, x, 373.

2. Quoted in Roddy Sloarch. *A Very Capitalist Condition: A History and Politics of Disability.* London: Bookmarks, 2016, 97.

3. Stern, Alexandra Minna. 'Making Better Babies: Public Health and Race Betterment in Indiana, 1920–1935'. *American Journal of Public Health* 92, no. 5 (2002): 748. https://doi.org/10.2105%2Fajph.92.5.742

4. Sloarch, *Very Capitalist Condition,* 100.

5. Lennard J. Davis. *Enforcing Normalcy: Disability, Deafness, and the Body.* London: Verso, 1995, 27.

6. Sidney Webb. *The Difficulties of Individualism.* London: The Fabian Society, 1896, 6.

7. Stephen Heathorn. 'Explaining Russell's Eugenic Discourse in the 1920s'. *Russell: The Journal of Bertrand Russell Studies* 25, no. 2 (2005): 135. https://doi.org/10.15173/russell.v25i2.2083

8. Marie Carmichael Stopes. *Radiant Motherhood: A Book for Those Who Are Creating the Future.* London: G. P. Putnam's Sons, 1921.

9. Mark B. Adams. 'The Politics of Human Heredity in the USSR, 1920–1940'. *Genome* 31, no. 2 (1989): 879–884. https://doi.org/10.1139/g89-155

10. Chloe Campbell. *Race and Empire: Eugenics in Colonial Kenya.* Manchester: Manchester University Press, 2011, 11.

11. Robert Proctor. *Racial Hygiene: Medicine under the Nazis.* Cambridge, MA and London: Harvard University Press, 1988, 42.

12. E. Fuller Torrey, and Robert H. Yolken. 'Psychiatric Genocide: Nazi Attempts to Eradicate Schizophrenia'. *Schizophrenia Bulletin* 36, no. 1 (2010): 26–32. https://doi.org/10.1093/schbul/sbp097

13. John Elder Robison. 'Kanner, Asperger, and Frankl: A Third Man at the Genesis of the Autism Diagnosis'. *Autism* 21, no. 7 (2017): 5.

14. Robert Chapman. 'Did Gender Norms Cause the Autism Epidemic?' *Critical Neurodiversity*, 29 November 2016. https://criticalneurodiversity.com/2016/11/29/did-gender-norms-cause-theautism-epidemic/

15. Henry Friedlander. *The Origins of Nazi Genocide: From Euthanasia to the Final Solution.* Chapel Hill and London: University of North Carolina Press, 1995, xii.

16. Nick Walker. 'Throw Away the Master's Tools: Liberating Ourselves from the Pathology Paradigm'. In *Loud Hands: Autistic People, Speaking.* Edited by J. Bascom, 225–237. Washington: Autistic Self Advocacy Network, 2012.

6. Frederic William Farrar. 'Review of *Hereditary Genius* by Francis Galton'. *Fraser's Magazine* 2 (1870): 260.

7. Kurt Danziger. *Constructing the Subject: Historical Origins of Psychological Research*. Cambridge: Cambridge University Press, 1990, 56.

8. Francis Galton. 'The History of Twins, as a Criterion of the Relative Powers of Nature and Nurture' . *Fraser's Magazine* 12 (1875): 566.

9. Francis Galton. *Natural Inheritance*. 5th ed. New York: Macmillan, 1894.

10. Ian Hacking. *The Taming of Chance*. Cambridge: Cambridge University Press, 1990, 180.

11. Francis Galton. *Inquiries into Human Faculty and Its Development*. London: Everyman, 1907, 17–18. https://galton.org/books/human-faculty/SecondEdition/text/web/human-faculty4.htm#_Toc503102656

12. Donald Mackenzie. *Statistics in Britain 1865–1930 The Social Construction of Scientific Knowledge*. Edinburgh, Edinburgh University Press, 1981, 33.

13. Mackenzie, *Statistics in Britain,* 29.

14. Galton, *Inquiries into Human Faculty,* 36.

15. Lennard J. Davis. *Enforcing Normalcy: Disability, Deafness, and the Body*. London: Verso, 1995, 33.

16. Galton, *Inquiries into Human Faculty,* 35.

17. Galton, *Inquiries into Human Faculty,* 17.

18. Peter M. Cryle, and Elizabeth Stephens. *Normality: A Critical Genealogy*. Chicago: University of Chicago Press, 2018, 232.

19. Emil Kraepelin. *Memoirs*. Edited by Hanns Hippius, G. Peters, and Detlev Ploog. Berlin: Springer-Verlag, 1987, 55. https://doi.org/10.1007/978-3-642-71924-0

20. Danziger, *Constructing the Subject,* 118.

21. Emil Kraepelin. 'Ends and Means of Psychiatric Research'. *Journal of Mental Science* 68, no. 281 (1922): 134. https://doi.org/10.1192/bjp.68.281.115

22. Kraepelin, 'Ends and Means', 136.

23. Kraepelin, 'Ends and Means', 137.

24. Eugen Bleuler. *Textbook of Psychiatry*. Translated by A. A. Brill. New York: Macmillan, 1924, 214.

國家的人口中有多少智力不足者、他們通常在哪個月份出生、精神錯亂會在哪個年紀出現等。因此，在我看來，他並沒有發展出基準常態心理這個概念，不過他確實為這個概念打下了基礎。

13. James Straton. *Contribution to the Mathematic of Phrenology: Chiefly Intended for Students.* Aberdeen: William Russell, 1845, 4.

14. Straton, *Mathematic of Phrenology,* 19.

15. Stefanie Hunt-Kennedy. 'Imagining Africa, Inheriting Monstrosity: Gender, Blackness, and Capitalism in the Early Atlantic World'. In *Between Fitness and Death*, 13–38. Champaign: University of Illinois Press, 2020. https://doi.org/10.5622/illinois/9780252043192.003.0002

16. Fenneke Sysling. 'Phrenology and the Average Person, 1840–1940'. *History of the Human Sciences* 34, no. 2 (2021): 40. https://doi.org/10.1177/0952695120984070

17. Michel Foucault. *Madness and Civilization: A History of Insanity in the Age of Reason.* New York: Vintage Books, 2006.

18. Roy Porter. 'Foucault's Great Confinement'. *History of the Human Sciences* 3, no. 1 (1990): 47–54. https://doi.org/10.1177/095269519000300107

19. Henry Maudsley. *The Physiology and Pathology of the Mind.* New York: Appleton, 1867, 50.

20. Richard Keller. 'Madness and Colonization: Psychiatry in the British and French Empires, 1800–1962'. *Journal of Social History* 35, no. 2 (2001): 307.

21. Andrew Scull. 'Madness and Segregative Control: The Rise of the Insane Asylum'. *Social Problems* 24, no. 3 (1977): 344–345. https://doi.org/10.2307/800085

22. Scull, 'Madness and Segregative Control', 342.

第3章　高爾頓的典範

1. Charles Darwin. *On the Origin of Species by Means of Natural Selection, Or, The Preservation of Favoured Races in the Struggle for Life.* London: John Murray, 1859.

2. Francis Galton. *Hereditary Genius: An Inquiry into its Laws and Consequences.* London: Macmillan, 1869, 29.

3. Galton, *Hereditary Genius,* 66.

4. Francis Galton. *Memories of My Life.* London: Methuen, 1908, 290.

5. Alfred R. Wallace. Review of *Hereditary Genius, an Inquiry into its Laws and Consequences* by Francis Galton. *Nature* 1 (1870): 501–503. https://doi.org/10.1038/001501a0

org/10.5622/illinois/9780252043192.003.0004

21. Caitlin Rosenthal. 'Slavery's Scientific Management'. In *Slavery's Capitalism*, edited by Seth Rockman and Sven Beckert, 62–86. Philadelphia: University of Pennsylvania Press, 2016, 62.

22. Karl Marx. *Capital: A Critique of Political Economy, Volume I.* Translated by Ben Fowkes. London: Penguin Books, 1990, 523.

第2章　基準常態的發明

1. Peter M. Cryle, and Elizabeth Stephens. *Normality: A Critical Genealogy*. Chicago: University of Chicago Press, 2018, 31–41.

2. Adolphe Quetelet. *A Treatise on Man and the Development of His Faculties.* Translated by R. Knox. Edited by T. Smibert. Cambridge: Cambridge University Press, 2014, 9–10. https://doi.org/10.1017/CBO9781139864909

3. Coreen McGuire. *Measuring Difference, Numbering Normal: Setting the Standards for Disability in the Interwar Period.* Manchester: Manchester University Press, 2020.

4. Quetelet, *Treatise on Man,* 99.

5. Allan V. Horwitz. *What's Normal? Reconciling Biology and Culture.* New York: Oxford University Press, 2016, 6.

6. Lennard J. Davis. *Enforcing Normalcy: Disability, Deafness, and the Body.* London: Verso, 1995, 26–27.

7. Amber Haque. 'Psychology from Islamic Perspective: Contributions of Early Muslim Scholars and Challenges to Contemporary Muslim Psychologists'. *Journal of Religion and Health* 43, no. 4 (2004): 357–377.

8. C. F. Goodey. *A History of Intelligence and 'Intellectual Disability': The Shaping of Psychology in Early Modern Europe.* Farnham: Ashgate, 2011, 221.

9. Roddy Sloarch. *A Very Capitalist Condition: A History and Politics of Disability.* London: Bookmarks, 2016, 57.

10. John Brydall. *Non Compos Mentis: Or, The Law Relating to Natural Fools.* London: Atkins, 1700, 9.

11. Simon Jarrett. *Those They Called Idiots: The Idea of the Disabled Mind from 1700 to the Present Day.* London: Reaktion Books, 2020, 24–71.

12. 凱特勒在文章中指出，這種轉變也要歸功於他所謂的「瘋狂者的統計數字」與「心理疾病」。然而，儘管他說這些障礙者「對文明程度有直接影響」，但他的研究只列出了這些人的統計數字，並沒有解釋什麼是「基準常態心理的本質」。舉例來說，他列出了一個

j.1740-9713.2017.01087.x

6. Andrew Scull. *Madness in Civilization: A Cultural History of Insanity, from the Bible to Freud, from the Madhouse to Modern Medicine.* Princeton: Princeton University Press, 2016, 28.
7. Scull, *Madness in Civilization,* 28.
8. Sheldon Watts. *Disease and Medicine in World History.* London: Routledge, 2003.
9. Alexus McLeod. 'Chinese Philosophy has Long Known that Mental Health is Communal'. *Psyche,* 1 June 2020. https://psyche.co/ideas/chinese-philosophy-has-long-known-that-mental-health-is-communal
10. René Descartes. *Meditations on First Philosophy with Selections from the Objections and Replies.* Translated by Michael Moriarty. Oxford: Oxford University Press, 2008, 60.
11. Theodor Ebert. 'Did Descartes Die of Poisoning?' *Early Science and Medicine* 24, 2 (2019): 142–185, https://doi.org/10.1163/15733823-00242P02
12. William Brockbank. *Portrait of a Hospital, 1752–1948 to Commemorate the Bi-Centenary of the Royal Infirmary, Manchester.* London: William Heinemann, 1952, 73.
13. Elizabeth I. 'An Act for the Relief of the Poor'. 1601. www.workhouses.org.uk/poorlaws/1601act.shtml
14. Buluda Itandala. 'Feudalism in East Africa'. *Utafiti: Journal of the Faculty of Arts and Social Sciences* 8, no. 2 (1986): 29–42.
15. Stephen Cave, and Kanta Dihal. 'Ancient Dreams of Intelligent Machines: 3,000 Years of Robots'. *Nature: Books and Arts,* 25 July 2018. www.nature.com/articles/d41586-018-05773-y#:~:text=The%20French%20philosopher%20Ren%C3%A9%20Descartes,the%20philosopher's%20death%20in%201650
16. Silvia Federici. *Caliban and the Witch: Women, the Body and Primitive Accumulation.* New York: Autonomedia, 2004.
17. Karl Marx. *Capital: A Critique of Political Economy, Volume III.* Translated by Ben Fowkes and David Fernbach. London: Penguin, 1990, 182.
18. Vic Finkelstein. 'Disability and the Helper/Helped Relationship'. In Handicap in a Social World, edited by Ann Brechin, Penny Liddiard, and John Swain. Sevenoaks: Hodder & Stoughton, 1981, 3. Reprinted at https://disability-studies.leeds.ac.uk/wp-content/uploads/sites/40/library/finkelstein-Helper-Helped-Relationship.pdf
19. David M. Turner, and Daniel Blackie. *Disability in the Industrial Revolution: Physical Impairment in British Coalmining, 1780–1880.* Manchester: Manchester University Press, 2018, 7.
20. Stefanie Hunt-Kennedy. 'Unfree Labor and Industrial Capital: Fitness, Disability, and Worth'. In *Between Fitness and Death,* 80–85. Champaign: University of Illinois Press, 2020. https://doi.

1972, 46.

11. Karl Marx. 'Estranged Labour'. *Economic and Philosophical Manuscripts of 1844. Marxists Internet Archive*, 1844. www.marxists.org/archive/marx/works/1844/manuscripts/labour.htm

12. Nabil Ahmed, Anna Marriott, Nafkote Dabi, Megan Lowthers, Max Lawson, and Leah Mugehera. *Inequality Kills: The Unparalleled Action Needed to Combat Unprecedented Inequality in the Wake of COVID-19*. Oxford: Oxfam, 2022. https://policy-practice.oxfam.org/resources/inequality-kills-the-unparalleled-action-needed-to-combat-unprecedented-inequal-621341/

13. Raya Dunayevskaya. 'The Union of Soviet Socialist Republics is a Capitalist Society'. *The Marxist-Humanist Theory of State Capitalism: Selected Writings*. Chicago: News and Letters, 1992. www.marxists.org/archive/dunayevskaya/works/1941/ussr-capitalist.htm

14. Herbert Marcuse. *Soviet Marxism: A Critical Analysis*. London and Aylesbury: Routledge & Kegan Paul, 1969.

15. Cedric J. Robinson. *Black Marxism: The Making of the Black Radical Tradition*. London: Penguin Modern Classics, 2021.

16. Arlie Russell Hochschild. *The Managed Heart: Commercialization of Human Feeling*. Berkeley: University of California Press, 2012.

17. Michael Oliver. *The Politics of Disablement*. London: Macmillan Education, 1990.

18. Joel Kovel. *The Enemy of Nature: The End of Capitalism or the End of the World?* New York: Zed Books, 2002.

第1章　機器的崛起

1. Debby Sneed. 'The Architecture of Access: Ramps at Ancient Greek Healing Sanctuaries'. *Antiquity* 94, no. 376 (August 2020): 1015–1029. https://doi.org/10.15184/aqy.2020.123

2. Plato. *Phaedrus*. Translated by Alexander Nehamas and Paul Woodruff. Indianapolis: Hackett, 1995.

3. Hippocrates. *Hippocratic Writings*. Translated by G. E. R. Lloyd, John Chadwick, and W. N. Mann. Harmondsworth: Penguin, 1984, 339.

4. 當時的人也承認歇斯底里的存在，不過根據較早期的信仰，歇斯底里的原因不是神經病理學，而是因為子宮在身體裡「遊走」（wandering），破壞了整體平衡。雖然整體來說，當時的人並沒有針對所有障礙者進行系統性的壓迫，不過我們可以在此看到早期的人透過診斷進行父權壓迫的例子，當時人們為女性治療子宮遊走的方式，是要她們去結婚並定期進行性行為。

5. Simon Raper. 'The Shock of the Mean'. *Significance* 14, no. 6 (2017): 12. https://doi.org/10.1111/

原書附註

引言　神經多樣性使我得到自由

1. Ginny Russell, Sal Stapley, Tamsin Newlove-Delgado, Andrew Salmon, Rhianna White, Fiona Warren, Anita Pearson, and Tamsin Ford. 'Time Trends in Autism Diagnosis over 20 Years: A UK Population-Based Cohort Study'. *Journal of Child Psychology and Psychiatry* 63, no. 6 (2021): 674–682. https://doi.org/10.1111/jcpp.13505

2. Dennis Campbell. 'UK Has Experienced "Explosion" in Anxiety Since 2008, Study Finds'. *The Guardian*, 14 September 2020, www.theguardian.com/society/2020/sep/14/uk-has-experienced-explosion-in-anxiety-since-2008-study-finds

3. Qingqing Liu, Hairong He, Jin Yang, Xiaojie Feng, Fanfan Zhao, and Jun Lyu. 'Changes in the Global Burden of Depression from 1990 to 2017: Findings from the Global Burden of Disease Study'. *Journal of Psychiatric Research* 126 (2020): 134–140. https://doi.org/10.1016/j.jpsychires.2019.08.002

4. Lee Knifton, and Greig Inglis. 'Poverty and Mental Health: Policy, Practice and Research Implications'. *BJPsych Bulletin* 44, no. 5 (2020): 193–196. http://doi.org/10.1192/bjb.2020.78

5. Kassiane Asasumasu. 2018. 'PSA from the Actual Coiner of "Neuro-divergent" '. https://sherlocksflataffect.tumblr.com/post/121295972384/psa-from-the-actual-coiner-of-neurodivergent

6. Steve Graby. 'Neurodiversity: Bridging the Gap Between the Disabled People's Movement and the Mental Health System Survivors' Movement?' In *Madness, Distress and the Politics of Disablement*. Bristol, UK: Policy Press, 2015. https://doi.org/10.51952/9781447314592.ch016

7. Dennis Campbell. 'One in Four UK Prisoners has Attention Deficit Hyperactivity Disorder, Says Report'. *The Guardian*, 18 June 2022. www.theguardian.com/society/2022/jun/18/uk-prisoners-attention-deficit-disorder-adhd-prison

8. Kairi Kõlves, Cecilie Fitzgerald, Merete Nordentoft, Stephen James Wood, and Annette Erlangsen. 'Assessment of Suicidal Behaviors Among Individuals with Autism Spectrum Disorder in Denmark'. *JAMA Network Open* 4, no. 1 (2021): 1–17. http://doi.org/10.1001/jamanetworkopen.2020.33565

9. 'Dialectical materialism' is the term that was preferred by Marxist-Leninists in the Soviet Union, while Western Marxists preferred to say 'historical materialism'. I will use these terms interchangeably here, and do not mean to signal adherence to either group.

10. Karl Marx. *The Karl Marx Library, Volume I.* Edited by Saul K. Padover. New York: McGraw Hill,

Watters, Ethan. *Crazy Like Us: The Globalization of the Western Mind.* St Ives: Robison, 2011.

Webb, Sidney. *The Difficulties of Individualism.* London: The Fabian Society, 1896.

Whitaker, Robert. *Anatomy of an Epidemic: Magic Bullets, Psychiatric Drugs, and the Astonishing Rise of Mental Illness in America.* New York: Crown, 2010.

Yergeau, Remi, M. *Authoring autism: on rhetoric and neurological queerness.* Durham, NC, Duke University Press, 2017.

Zapata, Karina. Decolonizing mental health: The importance of an oppression-focused mental health system. *Calgary Journal.* 2020. https://calgaryjournal.ca/2020/02/27/decolonizing-mental-health-the-importance-of-an-oppression-focused-mental-health-system/

Zentall, S. S., Craig, B. A., and Kuester, D. A. 'Social Behaviour in Cooperative Groups: Students at Risk for ADHD and their Peers'. *Journal of Educational Research* 104 (2011): 28–41. https://doi.org/10.1080/08924562.2018.1465869

Risk of Mental Disorders: A Systematic Review'. *Science of The Total Environment* 833 (2022): 155–185. https://doi.org/10.1016/j.scitotenv.2022.155185

Taylor, Stephen, Annand, Fizz, Burkinshaw, Peter, Greaves, Felix, Kelleher, Michael, Knight, Jonathan, Perkins, Clare, Tran, Anh, White, Martin, and Marsden, John 'Dependence and Withdrawal Associated with Some Prescribed Medicines: An Evidence Review'. *Public Health England*, London. 2019. https://assets.publishing.service.gov.uk/government/uploads/system/uploads/attachment_data/file/940255/PHE_PMR_report_Dec2020.pdf

Terlizzi, Emily, and Norris, Tina. 'Mental Health Treatment Among Adults: United States, 2020'. *NCHS Data Brief* 419 (2021). https://dx.doi.org/10.15620/cdc:110593external icon

Thatcher, Margaret. 'Interview for *Catholic Herald*, 5 December 1978'. *Margaret Thatcher Foundation*. www.margaretthatcher.org/document/103793

Thatcher, Margaret. 'Nicholas Ridley Memorial Lecture'. Central London, 22 November 1996. *Margaret Thatcher Foundation*. www.margaretthatcher.org/document/108368

Timimi, Sami, McCabe, Brian, and Gardner, Neil. *The Myth of Autism: Medicalising Mens' and Boys' Social and Emotional Competence*. Basingstoke: Palgrave-Macmillan, 2010.

Torrey, E. Fuller, and Yolken Robert, H. 'Psychiatric Genocide: Nazi Attempts to Eradicate Schizophrenia'. *Schizophrenia Bulletin* 36, no. 1 (2010): 26–32. https://doi.org/10.1093/schbul/sbp097

Trotsky, Leon. 'If America Should Go Communist'. 17 August 1934. www. marxists.org/archive/trotsky/1934/08/ame.htm

Turner, David M., and Blackie, Daniel. *Disability in the Industrial Revolution: Physical Impairment in British Coalmining*, 1780–1880. Manchester: Manchester University Press, 2018.

Union of Physically Impaired Against Segregation and The Disability Alliance. 'Fundamental Principles of Disability'. London: UPIAS, 1975.

Walker, Nick. 'Throw Away the Master's Tools: Liberating Ourselves from the Pathology Paradigm'. In *Loud Hands: Autistic People, Speaking*. Edited by J. Bascom, 225–237. Washington: Autistic Self Advocacy Network, 2012.

Walker, Nick, and Raymaker, Dora. 'Toward a Neuroqueer Future: An Interview with Nick Walker'. *Autism in Adulthood* 3, no. 1 (2021): 5–10. https://doi.org/10.1089%2Faut.2020.29014.njw

Wallace, Alfred R. Review of *Hereditary Genius, an Inquiry into its Laws and Consequences* by Francis Galton. *Nature* 1 (1870): 501–503. https://doi.org/10.1038/001501a0

Watson, John. *Behaviorism*. New York: People's Institute, 1924.

Watts, Sheldon. *Disease and Medicine in World History*. London: Routledge, 2003.

Singer, Judy. 2018. 'Neurodiversity: Definition and Discussion'. *Reflections on Neurodiversity*. https://neurodiversity2.blogspot.com/p/what.html

Skinner, Burrhus Frederic. *The Behavior of Organisms*. New York: Appleton-Century-Crofts, 1938.

Skinner, Burrhus Frederic. *Beyond Freedom and Dignity*. Bungay: Pelican, 1976.

Sloarch, Roddy. *A Very Capitalist Condition: A History and Politics of Disability*. London: Bookmarks, 2016.

Sneed, Debby. 'The Architecture of Access: Ramps at Ancient Greek Healing Sanctuaries'. *Antiquity* 94, no. 376 (August 2020): 1015–1029. https://doi.org/10.15184/aqy.2020.123

Spitzer, Robert L. 'The Diagnostic Status of Homosexuality in DSM-III: A Reformulation of the Issues'. *American Journal of Psychiatry* 138, no. 2 (1981): 210–215. https://doi.org/10.1176/ajp.138.2.210

Staub, Michael E. *Madness is Civilisation: When the Diagnosis Was Social*, 1948–1980. Chicago and London: University of Chicago Press, 2011.

Stern, Alexandra Minna. 'Making Better Babies: Public Health and Race Betterment in Indiana, 1920–1935'. *American Journal of Public Health* 92, no. 5 (2002): 742–752. https://doi.org/10.2105%2Fajph.92.5.742

Stewart, John. ' "The Dangerous Age of Childhood" : Child Guidance in Britain c.1918–1955'. *History & Policy*, 1 October 2012. www.historyandpolicy.org/policy-papers/papers/the-dangerous-age-of-childhood-child-guidance-in-britain-c.1918-1955

Stopes, Marie Carmichael. *Radiant Motherhood: A Book for Those Who Are Creating the Future*. London: G. P. Putnam's Sons, 1921.

Straton, James. *Contribution to the Mathematic of Phrenology: Chiefly Intended for Students*. Aberdeen: William Russell, 1845.

Sysling, Fenneke. 'Phrenology and the Average Person, 1840–1940'. *History of the Human Sciences* 34, no. 2 (2021): 27–45. https://doi.org/10.1177/0952695120984070

Szasz, Thomas. 'The Myth of Mental Illness'. *American Psychologist* 15, no. 2 (1960): 113–118. https://doi.org/10.1037/h0046535

Szasz, Thomas. Letters to Friedrich August von Hayek, 1964–1983. *The Thomas S. Szasz, M.D. Cybercenter for Liberty and Responsibility*. www.szasz.com/hayek.html

Szasz, Thomas. 'An Autobiographical Sketch'. In *Szasz Under Fire: The Psychiatric Abolitionist Faces His Critics*. Edited by Jeffrey A. Schaler, 1–28. Chicago: Open Court, 2004.

Szasz, Thomas. *Psychiatry: The Science of Lies*. New York: Syracuse University Press, 2008.

Tancredi, Stefano, Urbano, Teresa, Vinceti, Marco, and Filippini, Tommaso. 'Artificial Light at Night and

Robinson, Cedric J. *Black Marxism: The Making of the Black Radical Tradition*. London: Penguin Modern Classics, 2021.

Robison, John Elder. 'Kanner, Asperger, and Frankl: A Third Man at the Genesis of the Autism Diagnosis'. *Autism* 21, no. 7 (2017): 862–871.

Rogers, Adam. 'Star Neuroscientist Tom Insel Leaves the Google-Spawned Verily for [⋯] a Startup?' *Wired*, 11 May 2017. www.wired.com/2017/05/star-neuroscientist-tom-insel-leaves-google-spawned-verily-startup/?mbid=social_twitter_onsiteshare

Rosenthal, Caitlin. 'Slavery's Scientific Management'. In *Slavery's Capitalism*, edited by Seth Rockman and Sven Beckert, 62–86. Philadelphia: University of Pennsylvania Press, 2016.

Russell, Ginny, Stapley, Sal, Newlove-Delgado, Tamsin, Salmon, Andrew, White, Rhianna, Warren, Fiona, Pearson, Anita, and Ford, Tamsin. 'Time Trends in Autism Diagnosis over 20 Years: A UK Population-based Cohort Study'. *Journal of Child Psychology and Psychiatry* 63, no. 6 (2021): 674–682. https://doi.org/10.1111/jcpp.13505

Schalk, Sami. *Black Disability Politics*. Durham: Duke University Press, 2022.

Scull, Andrew. 'Madness and Segregative Control: The Rise of the Insane Asylum'. *Social Problems* 24, no. 3 (1977): 337–351. https://doi.org/10.2307/800085

Scull, Andrew. *Decarceration: Community Treatment and the Deviant – A Radical View*. Hoboken: Prentice-Hall, 1977.

Scull, Andrew. *Madness in Civilization: A Cultural History of Insanity, from the Bible to Freud, from the Madhouse to Modern Medicine*. Princeton: Princeton University Press, 2016.

Scull, Andrew. *Desperate Remedies: Psychiatry's Turbulent Quest to Cure Mental Illness*. Cambridge, MA: Harvard University Press, 2022.

Sebestyen, Victor. *Lenin: The Man, the Dictator, and the Master of Terror*. New York: Pantheon Books, 2017.

Sedgwick, Peter. *Psychopolitics: Laing, Foucault, Goffman, Szasz, and the Future of Mass Psychiatry*. London: Unkant, 2015.

Silberman, Steve. *NeuroTribes: The Legacy of Autism and the Future of Neurodiversity*. New York: Avery, 2015.

Sinclair, Jim. 'Don't Mourn for Us'. *Our Voice* 1, no. 3 (1993). www.autreat.com/dont_mourn.html

Singer, Judy. 'Why Can't You be Normal for Once in Your Life?: From a "Problem with No Name" to a New Category of Disability'. In *Disability Discourse*, edited by Mairian Corker and Sally French, 59–67. Buckingham: Open University Press, 1999.

Singer, Judy. *NeuroDiversity: The Birth of an Idea*, Self-published, Amazon, 2016.

Ne'eman, Ari. 'Screening Sperm Donors for Autism? As an Autistic Person, I Know That's the Road to Eugenics'. *The Guardian*, 30 December 2015. www.theguardian.com/commentisfree/2015/dec/30/screening-sperm-donors-autism-autistic-eugenics

Neophytou, Eliana, Manwell, Laurie A., and Eikelboom, Roelof. 'Effects of Excessive Screen Time on Neurodevelopment, Learning, Memory, Mental Health, and Neurodegeneration: A Scoping Review'. *International Journal of Mental Health and Addiction* 19, no. 3 (2021): 724–744. https://doi.org/10.1007/s11469-019-00182-2

Nussbaum, Martha. *Frontiers of Justice: Disability, Nationality, Species Membership*. Cambridge: Belknap Press, 2006.

Office for National Statistics. 'Outcomes for Disabled People in the UK: 2020'. *Office for National Statistics*, 18 February 2021. www.ons.gov.uk/peoplepopulationandcommunity/healthandsocialcare/disability/articles/outcomesfordisabledpeopleintheuk/2020

Oliver, Michael. *The Politics of Disablement*. London: Macmillan Education, 1990.

Parsons, Anne. *From Asylum to Prison: Deinstitutionalisation and the Rise of Mass Incarceration after 1945*. Chapel Hill: The University of North Carolina Press, 2018.

Pavlov, Ivan. *The Work of the Digestive Glands*. London: Griffin, 1902.

Plato. *Phaedrus*. Translated by Alexander Nehamas and Paul Woodruff. Indianapolis: Hackett, 1995.

Porter, Roy. 'Foucault's Great Confinement'. *History of the Human Sciences* 3, no. 1 (1990): 47–54. https://doi.org/10.1177/095269519000300107

Proctor, Robert. *Racial Hygiene: Medicine under the Nazis*. Cambridge, MA, and London: Harvard University Press, 1988.

Puar, Jasbir. *The Right to Maim: Debility, Capacity, Disability*. Durham: Duke University Press, 2017.

Quetelet, Adolphe. *A Treatise on Man and the Development of His Faculties*. Translated by R. Knox. Edited by T. Smibert. Cambridge: Cambridge University Press, 2014. https://doi.org/10.1017/CBO9781139864909

Raekstad, Paul, *Karl Marx's Realist Critique of Capitalism Freedom, Alienation, and Socialism*. Switzerland, Palgrave Macmillan, 2022. https://doi.org/10.1007/978-3-031-06353-4

Raper, Simon. 'The Shock of the Mean'. *Significance* 14, no. 6 (2017): 12–17. https://doi.org/10.1111/j.1740-9713.2017.01087.x

Reich, Wilhelm. *The Mass Psychology of Fascism*. New York: Orgone Institute Press, 1946.

Rekers, George, and Lovaas, Ivar. 'Behavioral Treatment of Deviant Sex-Role Behaviors in a Male Child'. *Journal of Applied Behavior Analysis* 7, no. 2 (1974): 173–190. https://doi.org/10.1901/jaba.1974.7-173

Mackenzie, Donald. *Statistics in Britain 1865–1930 The Social Construction of Scientific Knowledge.* Edinburgh, Edinburgh University Press, 1981.

Marcuse, Herbert. *One-Dimensional Man: Studies in the Ideology of Advanced Industrial Society.* Boston: Beacon Press, 1964.

Marcuse, Herbert. *Soviet Marxism: A Critical Analysis*. London and Aylesbury: Routledge & Kegan Paul, 1969.

Marx, Karl. 'Estranged Labour'. *Economic and Philosophical Manuscripts of 1844. Marxists Internet Archive*, 1844. www.marxists.org/archive/marx/works/1844/manuscripts/labour.htm

Marx, Karl. *The Karl Marx Library, Volume I.* Edited by Saul K. Padover. New York: McGraw Hill, 1972.

Marx, Karl. *Capital: A Critique of Politicaly, Volume I.* Translated by Ben Fowkes. London: Penguin Books, 1990.

Marx, Karl. *Capital: A Critique of Political Economy, Volume III.* Translated by Ben Fowkes and David Fernbach. London: Penguin, 1990.

Marx, Karl. *Grundrisse: Foundations of the Critique of Political Economy.* Translated by Martin Nicolous. Aylesbury: Penguin Books, 1993.

Maudsley, Henry. *The Physiology and Pathology of the Mind.* New York: Appleton, 1867.

Mazumdar, Pauline M. H. *Eugenics, Human Genetics and Human Failings: The Eugenics Society, Its Sources and its Critics in Britain.* London and New York: Routledge, 1992.

McGuire, Anne E. 'Buying Time: The S/pace of Advocacy and the Cultural Production of Autism'. *Canadian Journal of Disability Studies 2,* no. 3 (2013): 98–125. https://doi.org/10.15353/cjds.v2i3.102

McGuire, Coreen. *Measuring Difference, Numbering Normal: Setting the Standards for Disability in the Interwar Period.* Manchester: Manchester University Press, 2020.

McLeod, Alexus. 'Chinese Philosophy has Long Known that Mental Health is Communal'. *Psyche*, 1 June 2020. https://psyche.co/ideas/chinesephilosophy-has-long-known-that-mental-health-is-communal

McNally, Richard. *What is Mental Illness?* Cambridge: Belknap Press, 2011.

Mills, Charles Wright. *White Collar: The American Middle Classes.* 50th anniversary ed. New York: Oxford University Press, 2002.

Moser, Dan, and Grant, Allan. 'Screams, Slaps and Love: A Surprising, Shocking Treatment Helps Fargone Mental Cripples'. *Life*, 7 May 1965.

Nadesan, Majia Holmer. *Constructing Autism: Unravelling the 'Truth' and Understanding the Social.* London: Routledge, 2005.

Hunter, Edward. 'Brain-Washing Tactics Force Chinese into Ranks of the Communist Party'. *Miami News*, 24 September 1950.

Itandala, Buluda. 'Feudalism in East Africa'. *Utafiti: Journal of the Faculty of Arts and Social Sciences* 8, no. 2 (1986): 29–42.

Jarrett, Simon. *Those They Called Idiots: The Idea of the Disabled Mind from 1700 to the Present Day*. London: Reaktion Books, 2020.

Keller, Richard. 'Madness and Colonization: Psychiatry in the British and French Empires, 1800–1962'. *Journal of Social History* 35, no. 2 (2001): 295–326.

Knifton, Lee, and Inglis, Greig. 'Poverty and mental health: policy, practice and research implications'. *BJPsych Bulletin* 44, no. 5 (2020): 193–196. http://doi.org/10.1192/bjb.2020.78

Kõlves, Kairi, Fitzgerald, Cecilie, Nordentoft, Merete, Wood, Stephen James, and Erlangsen, Annette. 'Assessment of Suicidal Behaviors Among Individuals with Autism Spectrum Disorder in Denmark'. *JAMA Network Open* 4, no. 1 (2021): 1–17. http://doi.org/10.1001/jamanetworkopen.2020.33565

Kovel, Joel. *The Enemy of Nature: The End of Capitalism or the End of the World?* New York: Zed Books, 2002.

Krementsov, Nikolai. *With and Without Galton: Vasilii Florinskii and the Fate of Eugenics in Russia.* Cambridge: Open Book Publishers, 2018.

Kraepelin, Emil. 'Ends and Means of Psychiatric Research'. *Journal of Mental Science* 68, no. 281 (1922): 115–143. https://doi.org/10.1192/bjp.68.281.115

Kraepelin, Emil. *Memoirs*. Edited by Hanns Hippius, G. Peters, and Detlev Ploog. Berlin: Springer-Verlag, 1987. https://doi.org/10.1007/978-3-642-71924-0

Kuhn, Thomas. *The Structure of Scientific Revolutions*. 50th anniversary ed. Chicago: University of Chicago Press, 2012.

Lemov, Rebecca. *World as Laboratory: Experiments with Mice, Mazes, and Men.* New York: Hill and Wang, 2005.

Lenin, Vladimir. 'Concerning The Conditions Ensuring the Research Work of Academician I. P. Pavlov and His Associates: Decree of the Council of People's Commissars'. In *Lenin's Collected Works*. 1st English ed. Volume 32. Translated by Yuri Sdobnikov. Moscow: Progress Publishers, 1965, 69. www.marxists.org/archive/lenin/works/cw/pdf/lenin-cw-vol-32.pdf

Liu, Qingqing, He, Hairong, Yang, Jin, Feng, Xiaojie, Zhao, Fanfan, and Lyu, Jun. 'Changes in the Global Burden of Depression from 1990 to 2017: Findings from the Global Burden of Disease Study'. *Journal of Psychiatric Research* 126 (2020): 134–140. https://doi.org/10.1016/j.jpsychires.2019.08.002

Brain in Europe 2010'. *European Neuropsychopharmacology: The Journal of the European College of Neuropsychopharmacology*, 21, no. 10 (2011): 718–779. https://doi.org/10.1016/j.euroneuro.2011.08.008

Hacking, Ian. *The Taming of Chance*. Cambridge: Cambridge University Press, 1990.

Haque, Amber. Psychology from Islamic Perspective: Contributions of Early Muslim Scholars and Challenges to Contemporary Muslim Psychologists. *Journal of Religion and Health* 43, no. 4 (2004): 357–377.

Harvey, David. *A Brief History of Neoliberalism*. Oxford: Oxford University Press, 2005.

Hassan, Robert. *Empires of Speed: Time and the Acceleration of Politics and Society*. Boston: Brill Academic, 2009.

Hatch, Ryan. *Silent Cells: The Secret Drugging of Captive America*. Minneapolis: University of Minnesota Press, 2019.

Hayek, Friedrich A. *The Road to Serfdom: Text and Documents*. Definitive ed. Edited by Bruce Caldwell. Chicago: University of Chicago Press, 2007.

Heathorn, Stephen. 'Explaining Russell's Eugenic Discourse in the 1920s'. *Russell: The Journal of Bertrand Russell Studies* 25, no. 2 (2005): 107–139. https://doi.org/10.15173/russell.v25i2.2083

Heck, P. R., Simons, D. J., and Chabris, C. F. 65% of Americans Believe they are Above Average in Intelligence: Results of two Nationally Representative Surveys. *PLoS ONE*, 13 no. 7 (2018). Article e0200103. https://doi.org/10.1371/journal.pone.0200103

Hippocrates. *Hippocratic Writings*. Translated by G. E. R. Lloyd, John Chadwick, and W. N. Mann. Harmondsworth: Penguin, 1984.

Hochschild, Arlie Russell. *The Managed Heart: Commercialization of Human Feeling*. Berkeley: University of California Press, 2012.

Horkheimer, Max, and Adorno, Theodor. *Dialectic of Enlightenment: Philosophical Fragments*. Edited by Gunzelin Schmid Noerr. Translated by Edmund Jephcott. Stanford: Stanford University Press, 2002.

Horwitz, Allan V. *What's Normal? Reconciling Biology and Culture*. New York: Oxford University Press, 2016.

Hunt-Kennedy, Stefanie. 'Imagining Africa, Inheriting Monstrosity: Gender, Blackness, and Capitalism in the Early Atlantic World'. In *Between Fitness and Death*, 13–38. Champaign: University of Illinois Press, 2020. https://doi.org/10.5622/illinois/9780252043192.003.0002

Hunt-Kennedy, Stefanie. 'Unfree Labor and Industrial Capital: Fitness, Disability, and Worth'. In *Between Fitness and Death*, 69–94. Champaign: University of Illinois Press, 2020. https://doi.org/10.5622/illinois/9780252043192.003.0004

Foucault, Michel. *Madness and Civilization: A History of Insanity in the Age of Reason.* New York: Vintage Books, 2006.

Freud, Sigmund. *The Psychopathology of Everyday Life.* Translated by James Strachey. Harmondsworth: Penguin Books, 1975.

Friedlander, Henry. *The Origins of Nazi Genocide: From Euthanasia to the Final Solution.* Chapel Hill and London: University of North Carolina Press, 1995.

Galton, Francis. *Hereditary Genius: An Inquiry into its Laws and Consequences.* London: Macmillan, 1869.

Galton, Francis. 'The History of Twins, as a Criterion of the Relative Powers of Nature and Nurture'. *Fraser's Magazine* 12 (1875): 556–576.

Galton, Francis. *Natural Inheritance.* 5th ed. New York: Macmillan, 1894.

Galton, Francis. *Memories of My Life.* London: Methuen, 1908.

Galton, Francis. *Inquiries into Human Faculty and Its Development.* London: Everyman, 1907. https://galton.org/books/human-faculty/SecondEdition/text/web/human-faculty4.htm#_Toc503102656

Ghanizadeh, Ahmad. 'Sensory Processing Problems in Children with ADHD, A Systematic Review'. *Psychiatry Investigation* 8, no. 2 (2011): 89–94. https://doi.orofg/10.4306/pi.2011.8.2.89

Goldstein, Harvey. 'Francis Galton, Measurement, Psychometrics and Social Progress'. *Assessment in Education: Principles, Policy & Practice* 19, no. 2 (2012): 147–158. https://doi.org/10.1080/0969594X.2011.614220

Goodey, C. F. *A History of Intelligence and 'Intellectual Disability': The Shaping of Psychology in Early Modern Europe.* Farnham: Ashgate, 2011.

Grabowski, David C., Aschbrenner, Kelly A., Feng, Zhanlian, and Mor, Vincent. 'Mental Illness in Nursing Homes: Variations Across States'. *Health Affairs* 28, no. 3 (2009): 689–700. https://doi.org/10.1377/hlthaff.28.3.689

Graby, Steve. 'Neurodiversity: Bridging the Gap Between the Disabled People's Movement and the Mental Health System Survivors' Movement?' In *Madness, Distress and the Politics of Disablement.* Bristol, UK: Policy Press, 2015. https://doi.org/10.51952/9781447314592.ch016

Green, Shulamite A., and Ben-Sasson, Ayelet. 'Anxiety Disorders and Sensory Over-Responsivity in Children with Autism Spectrum Disorders: Is There a Causal Relationship?' *Journal of Autism and Developmental Disorders* 40, no. 12 (2010): 1495–1504. https://doi.org/10.1007/s10803-010-1007-x

Gustavsson, A., Svensson, M., Jacobi, F., Allgulander, C., Alonso, J., Beghi, E., Dodel, R., Ekman, M., Faravelli, C., Fratiglioni, L., Gannon, B., Jones, D. H., Jennum, P., Jordanova, A., Jönsson, L., Karampampa, K., Knapp, M., Kobelt, G., Kurth, T., and Lieb, R., 'Cost of Disorders of the

Danziger, Kurt. *Constructing the Subject: Historical Origins of Psychological Research.* Cambridge: Cambridge University Press, 1990.

Darwin, Charles. *On the Origin of Species by Means of Natural Selection, Or, The Preservation of Favoured Races in the Struggle for Life.* London: John Murray, 1859.

Davis, Lennard J. *Enforcing Normalcy: Disability, Deafness, and the Body.* London: Verso, 1995.

Davies, J. *Sedated: How Modern Capitalism Created Our Mental Health Crisis.* London: Atlantic Books, 2021.

Descartes, René. *Meditations on First Philosophy with Selections from the Objections and Replies.* Translated by Michael Moriarty. Oxford: Oxford University Press, 2008.

Differentnotdeficient. 'Sensory Survival: Living with Hypersensitivity, Overwhelm, & Meltdowns'. *Neuroclastic*, 28 April 2019. https://neuroclastic.com/sensory-survival-living-with-hypersensitivity-overwhelm-meltdowns/

Dunayevskaya, Raya. 'The Union of Soviet Socialist Republics is a Capitalist Society'. *The Marxist-Humanist Theory of State Capitalism: Selected Writings.* Chicago: News and Letters, 1992. www.marxists.org/archive/dunayevskaya/works/1941/ussr-capitalist.htm

Ebert, Theodor. 'Did Descartes Die of Poisoning?' *Early Science and Medicine* 24, 2 (2019): 142–185, https://doi.org/10.1163/15733823-00242P02

Elizabeth I. 'An Act for the Relief of the Poor'. 1601. www.workhouses.org.uk/poorlaws/1601act.shtml

Fanon, Frantz. *The Wretched of the Earth.* Translated by Constance Farringdon. Harmondsworth: Penguin, 1967.

Farrar, Frederic William. 'Review of *Hereditary Genius* by Francis Galton'. *Fraser's Magazine* 2 (1870): 251–265.

Federici, Silvia. *Caliban and the Witch: Women, the Body and Primitive Accumulation.* New York: Autonomedia, 2004.

Ferguson, Iain. *Politics of the Mind: Marxism and Mental Distress.* London: Bookmarks, 2017.

Finkelstein, Vic. 'Disability and the Helper/Helped Relationship'. In *Handicap in a Social World*, edited by Ann Brechin, Penny Liddiard, and John Swain. Sevenoaks: Hodder & Stoughton, 1981. Reprinted at https://disability-studies.leeds.ac.uk/wp-content/uploads/sites/40/library/finkelstein-Helper-Helped-Relationship.pdf

Fisher, Mark. *Capitalist Realism: Is There No Alternative?* Ropley: Zero Books, 2009.

Foot, John. *The Man Who Closed the Asylums: Franco Basaglia and the Revolution in Mental Health Care.* London: Verso Books, 2015.

Campbell, Chloe. *Race and Empire: Eugenics in Colonial Kenya*. Manchester: Manchester University Press, 2011.

Campbell, Dennis. 'UK Has Experienced "Explosion" in Anxiety Since 2008, Study Finds'. *The Guardian*, 14 September 2020, https://www.theguardian.com/society/2020/sep/14/uk-has-experienced-explosionin-anxiety-since-2008-study-finds

Campbell, Dennis. 'One in Four UK Prisoners has Attention Deficit Hyperactivity Disorder, Says Report'. *The Guardian*, 18 June 2022. www.theguardian.com/society/2022/jun/18/uk-prisoners-attention-deficitdisorder-adhd-prison

Cave, Stephen, and Dihal, Kanta. 'Ancient Dreams of Intelligent Machines: 3,000 Years of Robots'. *Nature: Books and Arts*, 25 July 2018. www.nature.com/articles/d41586-018-05773-y#:~:text=The%20French%20philosopher%20Ren%C3%A9%20Descartes,the%20philosopher's%20death%20in%201650

Chamberlin, Judi. *On Our Own: Patient-Controlled Alternatives to the Mental Health System*. New York: Hawthorn Books, 1978.

Chapman, Robert. 'Did Gender Norms Cause the Autism Epidemic?' *Critical Neurodiversity*, 29 November 2016. https://criticalneurodiversity.com/2016/11/29/did-gender-norms-cause-the-autism-epidemic/

Chapman, Robert. 'The Reality of Autism: On the Metaphysics of Disorder and Diversity'. *Philosophical Psychology*, 33, no. 6 (2020): 799–819. https://doi.org/10.1080/09515089.2020.1751103

Chapman, Robert. 'Neurodiversity and the Social Ecology of Mental Functions'. *Perspectives on Psychological Science*, 16, no. 6 (2021): 1360–1372. https://doi:10.1177/1745691620959833

Cipriani, Andrea, Toshi, Furukawa, Salanti, Georgia, Chaimani, Anna, Atkinson, Lauren Z., Ogawa, Yusuke, Leucht, Stefan, Ruhe, Henricus G., Turner, Erick H., Higgins, Julian P., Egger, Matthias, Takeshima, Nozomi, Hayasaka, Yu, Imai, Hissei, Kiyomi, Shinohara, Tajika, Aran, Ioannidis, John P. A., and Geddes, John R. 'Comparative Efficacy and Acceptability of 21 Antidepressant Drugs for the Acute Treatment of Adults with Major Depressive Disorder: A Systematic Review and Network Meta-Analysis'. *The Lancet* 391, no. 10128 (2018): 1357–1366. https://doi.org/10.1016/S0140-6736(17)32802-7

Cooper, David G., ed. *The Dialectics of Liberation*. Harmondsworth: Penguin, 1968.

Cooper, David G. *Psychiatry and Anti-Psychiatry*. Abingdon: Routledge, 2001.

Cresswell, M. and Spandler, H. 'Psychopolitics: Peter Sedgwick's Legacy for Mental Health Movements'. *Social Theory and Health* 7, no. 2, (2009): 129–147.

Cryle, Peter M., and Stephens, Elizabeth. *Normality: A Critical Genealogy*. Chicago: University of Chicago Press, 2018.

Open 6 (2016): e010508. https://bmjopen.bmj.com/content/6/6/e010508

Bell, Daniel. 'The Study of Man: Adjusting Men to Machines'. *Commentary*, January 1947. www.commentary.org/articles/daniel-bell-2/the-study-of-man-adjusting-men-to-machines/

Ben-Moshe, L. Why prisons Are Not "The New Asylums." *Punishment & Society* 19, no. 3 (2017). https://doi.org/10.1177/1462474517704852

Ben-Moshe, Liat. *Decarcerating Disability: Deinstitutionalization and Prison Abolition.* Minneapolis, Minnesota University Press, 2020.

Berardi, Franco. *The Soul at Work: From Alienation to Autonomy.* Los Angeles: Semiotext(e), 2009.

Bernays, Edward. 'The Engineering of Consent'. *Annals of the American Academy of Political and Social Science* 250, no. 1 (1947): 113–120. https://doi.org/10.1177/000271624725000116

Beutel, Manfred E., Jünger, Claus, Klein, Eva M., Wild, Philipp, Lackner, Karl, Blettner, Maria, Binder, Harald et al. 'Noise Annoyance Is Associated with Depression and Anxiety in the General Population – The Contribution of Aircraft Noise'. *PLoS ONE* 11, no. 5 (2016): e0155357. https://doi.org/10.1371/journal.pone.0155357

Bleuler, Eugen. *Textbook of Psychiatry.* Translated by A. A. Brill. New York: Macmillan, 1924.

Blume, Harvey. 'Neurodiversity: On the Neurological Underpinnings of Geekdom'. *The Atlantic*, September 1998. www.theatlantic.com/magazine/archive/1998/09/neurodiversity/305909/

Boorse, Christopher. 'On the Distinction Between Disease and Illness'. *Philosophy and Public Affairs* 5, no. 1 (1975): 49–68.

Booth, Janine. 'Marxism and Autism', 2017. www.janinebooth.com/content/marxism-and-autism

Boutang, Yann Moulier. *Cognitive Capitalism.* Translated by Ed Emery. Cambridge: Polity Press, 2012.

Brockbank, William. *Portrait of a Hospital, 1752–1948 to Commemorate the Bi-Centenary of the Royal Infirmary, Manchester.* London: William Heinemann, 1952.

Brown, Lydia X. Z., and Neumeier, Shain M. 'In the Pursuit of Justice: Advocacy by and for Hyper-Marginalized People with Psychosocial Disabilities through the Law and Beyond'. In *Mental Health, Legal Capacity, and Human Rights*, edited by Michael Ashley Stein, Faraaz Mahomed, Vikram Patel, and Charlene Sunkel, 332–348. Cambridge: Cambridge University Press, 2021. https://doi.org/10.1017/9781108979016.025

Brydall, John. *Non Compos Mentis: Or, The Law Relating to Natural Fools.* London: Atkins, 1700.

Bush, George H. W. 'Presidential Proclamation 6158'. *Library of Congress*, 17 July 1990. www.loc.gov/loc/brain/proclaim.html

參考書目

Adams, Mark B. 'The Politics of Human Heredity in the USSR, 1920–1940'. *Genome* 31, no. 2 (1989): 879–884. https://doi.org/10.1139/g89-155

Adler-Bolton, Beatrice, and Vierkant, Artie. *Health Communism: A Surplus Manifesto.* Brooklyn: Verso, 2022.

Ahmed, Nabil, Marriott, Anna, Dabi, Nafkote, Lowthers, Megan, Lawson, Max, and Mugehera, Leah. *Inequality Kills: The Unparalleled Action Needed to Combat Unprecedented Inequality in the Wake of COVID-19.* Oxford: Oxfam, 2022. https://policy-practice.oxfam.org/resources/inequality-kills-the-unparalleled-action-needed-to-combat-unprecedented-inequal-621341/

Ahn, Roianne R., Miller, Lucy Jane, Milberger, Sharon, and N. McIntosh, Daniel. 'Prevalence of Parents' Perceptions of Sensory Processing Disorders Among Kindergarten Children'. *American Journal of Occupational Therapy* 58, no. 3 (2004): 287–293. https://doi.org/10.5014/ajot.58.3.287

American Psychiatric Association. *Diagnostic and Statistical Manual of Mental Disorders.* Washington DC: APA Press, 1952.

American Psychiatric Association. *DSM-II: Diagnostic and Statistical Manual of Mental Disorders.* Washington DC: APA Press, 1968.

American Psychiatric Association. *DSM-III: Diagnostic and Statistical Manual.* Washington DC: APA Press, 1980.

Andreasen, Nancy. *The Broken Brain: The Biological Revolution in Psychiatry.* New York and London: Harper & Row, 1984.

Appel, Jeremy. 'The Problems with Canada's Medical Assistance in Dying Policy'. *Jacobin*, 8 January 2023. https://jacobin.com/2023/01/canadamedically-assisted-dying-poverty-disability-eugenics-euthanasia

Asasumasu, Kassiane. 2018. 'PSA from the Actual Coiner of "Neuro-divergent" '. https://sherlocksflataffect.tumblr.com/post/121295972384/psa-from-the-actual-coiner-of-neurodivergent

Barkley, Russell A., Murphy, Kevin R., and Fischer, Mariellen. *ADHD in Adults: What the Science Says.* New York and London: The Guildford Press, 2008.

Beau-Lejdstrom, Raphaelle, Douglas, Ian, Evans, Stephen J. W., and Smeeth, Liam. 'Latest Trends in ADHD Drug Prescribing Patterns in Children in the UK: Prevalence, Incidence and Persistence'. *BMJ*

心靈方舟 0065

正常由誰定義？

撕下不正常標籤，走向包容神經多樣性的未來

Empire of Normality: Neurodiversity and Capitalism

作　　者　羅伯特・查普曼
譯　　者　聞翊均
選題策劃　林雋昀
封面設計　萬勝安
內頁設計　Atelier Design Ours
內頁排版　吳思融
特約編輯　唐芩
主　　編　錢滿姿
特約行銷　徐千晴
總 編 輯　林淑雯

出 版 者　方舟文化／遠足文化事業股份有限公司
發　　行　遠足文化事業股份有限公司（讀書共和國出版集團）
231 新北市新店區民權路 108-2 號 9 樓
電話：（02）2218-1417
傳真：（02）8667-1851
劃撥帳號：19504465
戶名：遠足文化事業股份有限公司
客服專線：0800-221-029
E-MAIL：service@bookrep.com.tw
網　　站　www.bookrep.com.tw
印　　製　中原造像股份有限公司
法律顧問　華洋法律事務所　蘇文生律師
定　　價　420 元
初版一刷　2025 年 7 月

國家圖書館出版品預行編目（CIP）資料

正常由誰定義？：撕下不正常標籤，走向包容神經多樣性的未來／羅伯特・查普曼（Robert Chapman）著；聞翊均譯 . -- 初版 . -- 新北市：方舟文化，遠足文化事業股份有限公司，2025.07
256 面；17 ╳ 23 公分 . --（心靈方舟；65）
譯自：Empire of Normality : Neurodiversity and Capitalism
ISBN 978-626-7596-93-7（平裝）
1.CST：腦部　2.CST：神經學　3.CST：資本主義
394.911　　114006319

方舟文化官方網站　方舟文化讀者回函